U0263234

大学科普丛书
第一辑 潘复生主编

Ask Artificial Intelligence

追问人工智能
从剑桥到北京

刘 伟◎著

科学出版社
北 京

图书在版编目 (CIP) 数据

追问人工智能：从剑桥到北京 / 刘伟著 . —北京：科学出版社，2019.10

（大学科普丛书）

ISBN 978-7-03-062195-5

Ⅰ.①追… Ⅱ.①刘… Ⅲ.①人工智能－普及读物 Ⅳ.① TP18-49

中国版本图书馆 CIP 数据核字（2019）第 190090 号

丛书策划：侯俊琳

责任编辑：侯俊琳 张 莉 / 责任校对：韩 杨

责任印制：吴兆东 / 封面设计：有道文化

编辑部电话：010-64035853

E-mail:houjunlin@mail.sciencep.com

科 学 出 版 社 出版

北京东黄城根北街 16 号

邮政编码：100717

http://www.sciencep.com

北京虎彩文化传播有限公司印刷

科学出版社发行　各地新华书店经销

*

2019 年 10 月第 一 版　开本：720×1000　1/16

2024 年 3 月第四次印刷　印张：15 1/2

字数：230 000

定价：58.00 元

（如有印装质量问题，我社负责调换）

"大学科普丛书"顾问委员会

潘复生　钱林方　杨俊华　张卫国

周泽扬　杨　竹　刘东燕　唐一科

"大学科普丛书"第一辑编委会

主　编　潘复生

副主编　靳　萍　沈家聪　佟书华

编　委（按姓氏笔画排序）

万　历　王晓峰　朱才朝　向　河　向中银

刘　珩　刘东升　刘雳宇　孙桂芳　李　森

李成祥　肖亚成　沈　健　张志军　张志强

林君明　郑　磊　郑英姿　胡学斌　柳会祥

侯俊琳　曹　锋　龚　俊

总　序

　　人类历史是一部探索自然和社会发展规律的编年史。无论是混沌朦胧的原始社会，还是文明开化的现代社会，人类对自身的所处所在都充满了与生俱来的天然好奇心。在历史发展的长河中，通过不断地传承、质疑、探索、扬弃，人类在认知自我、认知自然、认知社会的过程中集聚了强大的思想动能，为凸显人类理性光辉、丰富人类精神生活、推动人类社会持续进步提供了有力的精神武器。科学，作为运用范畴、定理、定律等形式反映现实世界各种现象的本质、特性、关系和规律的知识体系，既可以解释已知的事实，也可以预言未知的新的事实，在人类文明发展中始终扮演着重要的角色，随着人类对未知世界深入探索，在当今以至未来社会，科学知识的普及和传播必将发挥越来越重要的作用！

　　2016 年 5 月 30 日，习近平总书记在全国科技创新大会、两院院士大会、中国科学技术协会第九次全国代表大会上发表重要讲话，提出了"到新中国成立 100 年时使我国成为世界科技强国"的奋斗目标。总书记还强调，"科技创新、科学普及是实现创新发展的两翼，要把科学普及放在与科技创新同等重要的位置。没有全民科学素质普遍提高，就难以建立起宏大的高素质创新大军，难以实现科技成果快速转化。希望广大科技工作者以提高全民科学素质为己任，把普及科学知识、弘扬科学精神、传播科学思想、倡导科学方法作为义不容辞的责任，在全社会推动形成讲科学、爱科学、学科学、用科学的良好氛围，使蕴藏在亿万人民中间的创新智慧充分释放、创新力量充分涌流。"从中可以看出：科学普及不仅是推动经济发展、提升公民科学素养的必要手段，而且也应该成为高等院校和科研机构服务社会的重要职责。

　　在当前国内科普图书市场上，原创科普佳作依然难得一见，广受关注和好评的还多数是引进版，这与我国科研水平快速提升的现状极不相称。近年来，科学普及受到全球各国政府、社会组织以及公众的高度重视，形成了快速发展态势，科学普及工作也有了很多新的变化。在现代科学传播理念的指引下，科学普及既要关注科学的产生、形成、发展及其演变规律，包括人类认识自然和改造自然的历史；也要关注自然界的一般规律、科学技术活动的基本方法和科学技术与社会的相互作用等问题。科学普及不仅要传播自然科学和人文社会科学知识，更要积极引导公众在德、智、体、美等方面的全面发展。因此，需要不断创新，务求实效。

由重庆市科学技术协会主管、重庆市大学科学传播研究会主办、面向全国的《大学科普》杂志，自 2007 年创刊以来，始终以"普及科学知识，创新科学方法，传播科学思想，弘扬科学精神，恪守科学道德"为己任，致力于推动大学与社会的结合，通过组织全国科学家解读科学发现和技术发明，创作高水平的科普文章和开展丰富多彩的科普活动，激发公众的科学热情，传播科学精神和创新精神，在全国科普界独树一帜，影响深远，为提升全民科学素养做出了积极的贡献。

十年磨一剑，砺得梅花香。《大学科普》杂志围绕广受公众关注的科技话题，通过严谨而细致的长期打磨，积累了丰富的高校科普资源，全国一大批科技工作者由此走上科普创作之路，在此基础上，组织一套原创科普佳作可谓水到渠成。科学出版社对科普工作高度重视，双方经过一年多的合作策划，形成了明确的丛书组织思路，汇集了全国众多来自高等院校和科教机构的优秀科普专家，以科学技术史、科技哲学、科学学、教育学和传播学等学科为支撑，将自然科学、工程技术科学和人文社会科学等融合传播，力求带给读者全新的科学阅读体验，真正起到激发科学热情、传播科学思想、弘扬科学精神的作用。在此，我们也热忱期待有更多科学家和科普工作者加入这一行列，为全民科学素养的提升、为国家创新发展贡献出智慧和力量！

中国工程院　　院　士
中国材料研究学会　理事长
吉林大学　　校　长

2017 年 3 月 20 日

前　言

　　一个地方不在大小，关键看有无灵气，剑桥就是这样一个神奇的地方，不但有山有水，还有剑有桥。那里的山其实就是一个小土坡，一个罗马人的兵营城堡（camp castle）遗址，但站在那里可以俯瞰整个剑桥的景色，让人久久不愿离开。那里的水就是流淌了数千年的康河（River Cam），不深不宽，流过几座著名学院的石桥、木桥、铁桥（bridge），山水由桥相连，"cam+bridge"，自然就构成了剑桥（Cambridge）。有山有水有桥的地方多了，为什么就此处那么有名呢？原因是这里有剑，还不是罗马人的剑，而是英国人的剑，英国人用这把锋利的剑为人类开辟了一个新的世界，认识到了宇宙和人类的秘密，本书就是试图发现发现这些秘密的秘密，同时也试图延续这些发现，让那棵苹果树在肥沃的东方土地上不断地开花结果，生生不息，绵绵不断，进而铸剑建桥，使得东西方取长补短，相得益彰……

　　本书是笔者 2012 年 10 月～ 2013 年 10 月在剑桥大学访学时的所看所感所思所悟，结合科学哲学、艺术宗教等方面的观察思考；回国后针对起源于剑桥的人机交互技术、智能科学历史渊源，进行深入细致的梳理和分析，并结合自己正在进行中的人机融合智能研究展开本质性探讨和思考，比如在自主系统、机器学习、深度态势感知、人−机−环境系统、智能哲学、人机交互、军事智能、机器人、智能传播等方面进行了总结与反思，初步勾勒出了人工智能未来发展的趋势和变化。这些思考有的与剑桥有关，有的表面上虽看不出有直接关系，但也有某种内在的联系，可谓弦外有音、言外存意吧！总之，写作本书的目的实在是单纯：师夷长技以治己！正应了那句歌词所写的：我和我的祖国，一刻也不能分割……

刘　伟

2019 年 5 月于北京

目　录

第一章
人工智能：从"史前"到现在

人工智能创立至今，已经度过了 **60** 余载。在这一个甲子多的时间里，有高潮也有低谷。对人类来说，年过花甲意味着已经开始逐渐步入迟暮，很多方面都开始走下坡路；而对人工智能来说，在经历过数次波折、几起几落之后的今天仍然蓬勃发展，并显得愈发年轻起来。

一、人工智能，从头说起

要想预测一个人的未来，需要了解其过去。同样，要想展望人工智能的未来，需要先了解它的起源与历史。

在人类文明的历史中，有过四大文明古国，其中古巴比伦和古埃及这两个文明几乎同时出现，它们在距今 6000 多年前，就已经有了国家、工具和文字，这两个文明直接导致了欧洲文明的起源。这两个文明主要是研究人和物之间的关系，如水利、工具、一些制度与法律。这种人和物之间的关系，后来影响到了欧洲的一些地中海（希腊）文明，继而辐射到整个欧洲大陆，诞生了科学和技术，科学和技术的宗旨就是研究人和物之间的关系。

除了这两个最早的文明以外，第三大文明就是古印度文明。古印度文明中很重要的一个特质，就是研究人和神之间的关系。人和神之间的关系，主要是人和抽象事物、不可掌控的一些事物之间的关系，在中东、印度一带，诞生了几乎世界上所有最主要的宗教，包括伊斯兰教、基督教、印度教、佛教等，都是关于人和神之间关系的。

第四大文明是研究人和人之间关系、人和环境之间关系的一个重要文明，即中华文明。目前世界上保存的较完整、较好的文明，就是中华文明。中华文明体现的不是人和物、人和神之间的关系，而是人和人之间如何融洽，人和环境之间如何和谐，天、地、人之间如何共生的问题。

在距今 2500 年以前，西方最主要的科学之祖，也是哲学之祖，是泰勒斯，他和中国的老子、孔子差不多出现在同一时代，其思想体现在他的一句箴言中，即"Water is best"（水是最好的）。水是一种物质，地球生物是从海洋里诞生出来的，然后水又滋养和哺育了人类，所以西方的科学和哲学一开始就和物质密切相关，而老子的"上善若水"，孔子的"逝者如斯夫"，也是对水的一种感叹，但他们大多都拘泥于感性和伦理方面，故东西方文明的差异从这几个代表性人物的言语中可见一斑。

从上文可见，在历史发展的长河中，人类四大文明分别聚焦于人与物、人与神、人与人、人与环境相互之间的关系，而科学和技术的发展，与人和物之间密切相关，所以，现代科学技术起源于欧洲，是顺理成章的，也是可以理解的。但目前来看，随着社会和人类的不断进步，人与人、人与环境之间的关系被日益提到日程上来。因此，现在整个世界的焦点，逐渐从西方转移到了以人与人、人与环境为主的东方视角来。

人与物之间的关系，是西方一个重要的研究方向，机器是人造物，所以人机交互，也是起源于西方。人机交互的本质是共在，即"being together"。人把自己的优点与机器的长处结合在一起，形成了一个交互的、实质性的问题。而未来人工智能的发展方向，很可能是人机融合智能或人机混合智能，即把人的智慧和机器的智能结合在一起，形成一个更有力的、更具支撑性的发展趋势。这样不但研究人机交互的脖子以下的，即生理的问题，而且研究脖子以上的，即心理的或者大脑的问题。其实，"人机交互"或"人机混合智能"，都是不准确的词，最准确的词是"人-机-环境交互系统"，因为人和机器及物质，其交互是不完整的，是通过环境这个大系统来进行沟通的，所以人-机-环境系统工程，可能是未来的一个主要研究方向。

那么，人工智能或智能的本质是什么？可以从人的成长经历或发展上看出一些端倪。一般来说，胎儿在母亲腹中就已经开始有了各种感觉，如听觉、嗅觉、味觉、触觉，已经开始和外部的环境及母亲腹中的内部环境进行交互，已经产生了一个很简单的"我"的概念。出生以后，由于视觉、听觉等感觉发育得不是很完善，更多的是通过触觉来接触世界，了解他周围的一些事物。随着自主能力的产生，会试图摆脱大人的束缚，更愿意自己爬，自己走，不希望别人去扶。可以看到，婴儿这时候已经开始学会否定，即否定别人的帮助。据国内外最新的研究结果，小孩形成语言的时候，无论是东方还是西方，除了被不断重复灌输的"爸爸""妈妈"这种词以外，自己先说出的，都是从第一个单词——动词"不"开始的，然后会发展到说"没有""别"这些词。"不""没有""别"这些词，就是孩子们成长的一个过程，在这个过程当中，就体现出人的智能，是从否定开始的，否定外部，否定自己，否定很多事物，进而来产生某种智慧性的东西。需要注意，在人工智能中，其否定机制还远远没有产生，所以人工智能和人的智能，还存在很大的差异。

我们在研究过程中发现，人工智能的起点，第一个词是"being"（"是"），即存在，客观的物质，这是西方哲学中一个很重要的词，世界是物质的还是意识的，其中物质就是"being"。关于人的智能和智慧，还存在着"should"（"应该"）。《三国演义》中的"义"，就是"should"（"应该"）的意思，"仗义"的"义"也是"应该"的意思，"应该"这个词，在西方非常重要，在东方也很受重视，这是东西方交流的一个交汇点。"should"，翻译成哲学语言，就是意识，即"awareness""consciousness"。另外，还有"want"，人有"want"，即想干什么；而机器不会"want"，机器只会按照程序、指令进行操作；而人还有一个"can"（"能"）的问题，即能做还是不能做。机器没有这个问题，只是操作。

休谟在他的哲学体系中提出了很重要的"休谟问题"："是"推不出"应该"，这句话的意思是从事实中推不出价值观。中国古代著名的一句话"天行健，君子以自强不息"是不成立的。"天行健"是一个事实，"君子以自强不息"是一种价值观，二者不能画等号。这里面涉及一个很重要的词"change"（"变"），人会不断地改变，而机器不能，只会按部就班、因循守旧、刻舟求剑。我们认为，这五个词是人工智能和人类智能很重要的差异。另外，人还有一个很重要的特质，即感知的恒常性，人在变化的外界环境当中通常能够保留对这个事物的本来面目的感知，如某种颜色。在不同的背景下，会改变这种颜色的影响，但是人能够在这种变化当中找到不变的那种感觉；而机器则不然，机器对外部变化的颜色，会有一个实时的反应，很难找到那种不变的东西。

现代人工智能的发展，剑桥大学起到了非常重要的作用，其中有三个代表性的人物：第一个就是阿兰·图灵，他提出了图灵测试和图灵机的思想，影响了整个世界人工智能发展的轨迹。第二个就是著名的"深度学习之父"杰弗里·辛顿，他是剑桥大学心理学的本科生，后来到了加拿大，继续做关于人工神经网络的研究，并提出了深度学习的概念和方法，人工智能因此得到了复兴和现在的繁荣。第三个是"阿尔法狗（AlphaGo）之父"哈萨比斯，他毕业于剑桥大学，对推动人工智能的发展也起到了非常重要的作用。

　　霍金曾说过，在过去的数十年里，人工智能一直专注于建设智能体所产生的问题，即在特定的情境下，可以感知并行动的各种系统。在这种情况下，智能是一个与统计学、经济学相关的理性概念。通俗地讲，这是一种做出好的决定计划和推论的能力。

图 1-1　在剑桥偶遇霍金

　　人工智能来自于智能，而智能，究其最深之处是一个哲学问题。早期有一批哲学家一直在讨论什么是智能，什么是知识。迈克尔·波兰尼（Michael Polanyi）曾在 20 世纪 60 年代写过一部《默会维度》（*The Tacit Dimension*），提出"我们知道的越多，那么我们知道的越少"。同时，他认为我们知道的远比我们说出来的要多很多（We can know more than we can tell）。波兰尼这句话中体现出了默会知识、隐性知识，在支配着我们不断地向显性的知识递进与演化。

　　弗里德里希·哈耶克（Friedrich Hayek）在经济方面对世界的影

响很大，曾拿过诺贝尔经济学奖。他一生当中，对政治、社会、经济、文化、艺术、哲学和心理学均有涉猎，在认知科学方面，他有一本著作《感觉的秩序》（*The Sensory Order*）。在这本书中，他明确地提出了一个观点"Action more than design"，即"行为远比设计更重要"，其大意即人的各种感觉是通过行为来表征的，而不是故意设计出来的，后来的演化造成了设计的出现。维基百科的创立人之一吉米·威尔士（Jimmy Wales）很推崇《感觉的秩序》一书，认为是这本书点醒他创立了维基百科。

卡尔·波普尔（Karl Popper）是一位伟大的哲学家，提出了三个世界的观点，即物理的、精神的和人工的。他有一本非常经典的著作《科学发现的逻辑》（*The Logic of Scientific Discovery*），他提出科学不是证实而是证伪，认为科学是提出问题进行猜想，然后进行反驳，不断试错，接着有新科学的出现，而不是常规意义上的观察归纳来证实的实证机制。在归纳里面有很多的漏洞，因为归纳是不完全的归纳，波普尔就有针对性地对归纳进行了梳理。

通常认为人工智能的学科起源，是从 1956 年美国达特茅斯会议开始的。但实际上，它的科学起源最早可以追溯到 19 世纪曾任剑桥大学卢卡斯教授的查尔斯·巴贝奇（Charles Babbage），他是世界上做机械计算机的鼻祖，做出了一台机械计算机，能够用来计算正弦和余弦数值的大小，从此人类拉开了计算的帷幕。另一个是剑桥大学的伯特兰·罗素（Bertrand Russell），罗素利用其哲学思想和他的数学基础，创立了一个很重要的哲学分支——分析哲学。将分析哲学推至制高点的是路德维希·维特根斯坦（Ludwig Wittgenstein），他在《逻辑哲学论》这部书里提出，语言是哲学的重要工具，也是哲学的切入点。在此之前，哲学的发展有两个里程碑，其中一个是关于世界本源的问题，即是物质的还是意识的，这个问题讨论了一千多年，后来笛卡儿开始研究用什么样的方法来认识世界是物质的还是意识的，继而提出二元论。在此之后，人们找了很多方法来研究哲学，但收效甚微，直到维特根斯坦改变了哲学的轨迹。他的前半生研究关于语言的人工性，所谓人工性的语言就是标准化的语言、格式化的语言、流程性的程序化的语言；他的后半生主要否定了自己前半生的工作，开始研究生活化的语言、自然化的语言，他认为真正的哲学是通过生活化的语言，来体现哲学的深奥和哲学的意义。

针对智能的概念，权威辞书《韦氏大词典》中的解释是"理解和各种适应性行为的能力"；《牛津词典》中的说法是"观察、学习、理解和认知的能力"；《新华字典》中的解释是"智慧和能力"；美国著名人工智能研究专家阿尔布斯（James Albus）在答复另一位人工智能专家埃克斯穆尔（Henry Hexmoor）时说，"智能包括：知识如何获取、表达和存储；智能行为如何产生和学习；动机、情感和优先权如何发展和运用；传感器信号如何转换成各种符号；怎样利用各种符号执行逻辑运算，对过去进行推理及对未来进行规划；智能机制如何产生幻觉、信念、希望、畏惧、梦幻甚至善良和爱情等现象"。作为一门前沿科学和交叉学科，人工智能至今尚无统一的定义。不同科学背景的学者对人工智能做了不同的解释：符号主义学派认为人工智能基于数理逻辑，通过计算机的符号操作模拟人类的认知过程，从而建立起基于知识的人工智能系统；联结主义学派认为人工智能基于仿生学，特别是人脑模型的研究，通过神经网络及网络间的链接机制和学习算法，建立起基于人脑的人工智能系统；行为主义学派认为智能取决于感知和行动，通过智能体与外界环境的交互和适应，建立起基于"感知-行为"的人工智能系统。其实这三个学派分别从思维、脑、身体三个方面对人工智能进行了阐述，目标都是创造出一个可以像人类一样具有智慧、能够自适应环境的智能体。

二、人工智能，一道长河

总体而言，人工智能的发展可以分为四个阶段，即酝酿阶段、起步发展阶段、反思发展阶段与蓬勃发展阶段。

1. 酝酿阶段

任何事物的形成与发展都有一定的基础，人工智能也不例外。首先，在哲学领域，学者对于意识问题情有独钟。自从笛卡儿于 17 世纪提出"我思故我在"的论述之后，有关意识的组成争论就从未停止过。托马斯·霍布斯、梅洛·庞蒂等曾经明确反对身心二元论，前者认为人是纯粹理性的，而后者认为身体和心理并不是独立分开的个体。可以说，这些哲学争论为早期的人工智能起到了很好的促进与推动作用。

1943 年，麦克洛奇与匹茨提出了著名的 M-P 模型（McCulloch-Pitts neural model），他们将神经元视为二值开关，通过不同的组合方式可以实现不同的逻辑运算。该模型的意义在于开创了人工神经网络的研究。1949 年，唐纳德·赫布（Donald Hebb）提出学习模型，大体观点为，如果在突触前后的两个神经元被同步激活，那么这个突触连接增强。M-P 模型与赫布学习规则的确立为后期的联结主义奠定了基础。

在其他领域，"现代计算机之父"冯·诺依曼（von Neumann）于 1945 年提出了后来被称为冯·诺依曼结构的计算机体系结构，并被沿用至今。1948 年，诺伯特·维纳（Norbert Wiener）指出了神经系统与计算机工作的相似性，找到了它们之间的内在联系，将自动控制的研究提到了一个新的高度，对后期人工智能学科的创立产生了巨大的影响。1936 与 1950 年，阿兰·图灵先后提出图灵机与图灵测试的概念，旨在弄清楚计算机能做什么、如何定义智能等关键问题。维特根斯坦也对这个问题有所思考，他在《哲学研究》中明确指出：机器肯定不能思维。

2. 起步发展阶段

人工智能早期发展的主要领域在于公理证明。艾伦·纽厄尔（Allen Newell）和赫伯特·西蒙（Herbert Simon）等人编写了一种名为逻辑理论家（LT）的智能程序，用来证明数学命题。与常见的数学推理过程不同，这种程序由结论出发，一步步从后向前分析，直到找出合适的证明问题为止。1963 年，LT 程序证明了罗素与怀特海《数学原理》第一章中的全部定理。两年后，逻辑学家王浩和数理逻辑家亚伯拉罕·鲁滨逊（Abraham Robinson）使用消解方法，使用机器证明了《数学原理》中的全部命题演算定理。

在其他研究领域，人工智能也有了初步的进展。1957 年，罗森勃拉特（Frank Rosenblatt）首次引入了感知机的概念，推广了联结主义的研究，同时感知机的出现使神经网络也露出了其庐山真面目。几年后，模仿自然生物进化机制的演化计算开始出现，代表人物为霍兰德（John Holland）与福格尔（David Fogel）。1965年，麻省理工学院人工智能实验室的罗伯兹编写出多面体识别程序，开创了机器视觉的领域。

3. 反思发展阶段

在起步发展阶段，各个领域都有了一定的进展，但是，这离当初设想的人工智能程度还相距甚远。1969年，被称为"人工智能之父"的马文·明斯基（Marvin Minsky）与西蒙·派珀特（Seymour Paper）发表著作《认知器演算法》（Perceptrons），指出单层感知器不能实现XOR（异或问题）逻辑，这极大地打击了研究者的信心。20世纪70年代初，对人工智能提供资助的机构，如美国国防高级研究计划局（DARPA）、美国核管理委员会（NRC）对无方向的人工智能研究逐渐停止了资助。人工智能的第一次寒冬到来。

在低谷阶段，人工智能界开始了反思。一派是以德雷福斯（Hubert Dreyfus）为代表，无情地对人工智能进行批判，他曾说人工智能研究终究会陷入困局；而另一派则对人工智能抱有希望，代表人物为费根鲍姆（Edward Feigenbaum），他认为要摆脱困境，需要大量使用知识。于是，知识工程与专家系统在各个领域崭露头角，比如早期的反向链接专家系统MYCIN可以诊断一些特定类型的传染病。这个阶段（1976～1980年）也被称为复兴期。

进入20世纪80年代后，人工智能界重新肯定了早期人工智能研究中的神经联结方法与遗传算法。1982年，霍普菲尔德（John Hopfield）提出了Hopfield神经网络，引入了"计算能量"概念，给出了网络稳定性判断。1984年，他又提出了连续时间Hopfield神经网络模型，为神经网络的研究做了开拓性的工作。1986年，杰弗里·辛顿、鲁姆哈特（David Rumelhart）和麦克勒兰德（James McClelland）重新提出了反向传播算法，即BP算法。值得一提的是，联结主义不同于符号主义，其研究方法巧妙地避开了知识表示所带来的困难。

与此同时，布鲁克斯（Rodney Brooks）教授在 1991 年发表论文，批评联结主义与符号主义不切实际，将简单事情复杂化。他强调感知与行为直接联系，这也极大地促进了人工智能界另一学派——行为主义的发展。

由此可见，在这一阶段，人工智能的研究空前繁荣，可是好景不长，1987 年现代计算机的出现，让人工智能的寒冬再次到来。人们普遍发现人工智能领域没有取得实质性的突破，而所谓的专家系统使用范围依然有限。于是，人工智能研究再一次陷入停滞。

4. 蓬勃发展阶段

1997 年"深蓝"的胜利，重燃起人们对于人工智能的兴趣。2006 年，辛顿提出深度置信网络，使深层神经网络的训练成为可能，这也使得深度学习迎来了春天。2011 年，国际商业机器公司（IBM）的"沃森"参加《危险边缘》（Jeopardy!）问答节目，并打败了两位人类冠军，轰动一时。2012 年，辛顿的学生艾利克斯·克里泽夫斯基（Alex Krizhevsky）使用 AlexNet 以大幅度的优势取得了当年 ImageNet 图像分类比赛的冠军，深度神经网络逐渐开始大放异彩。同年，运用了深度学习技术的谷歌大脑（Google Brain）通过观看数千段的视频后，自发地找出了视频中的猫。2016 年，Google DeepMind 的"阿尔法狗"（AlphaGo）战胜了世界顶级围棋高手李世石，由此推动了人工智能的再一次发展，目前正处于人工智能发展的第三次高潮期。

三、人工智能，硕果累累

"阿尔法狗"战胜李世石使得人工智能迅速成为社会上的热门话题，这种对人工智能的大量关注，一方面推动了它的发展，另一方面也存在很多误解。有的人认为人工智能是拯救各种社会问题的万能良药；有的人认为人工智能的发展应用如同打开潘多拉魔盒，会带来问题与不幸。其实如同很多其他基础技术一样，人工智能也是一把双刃剑，需要我们综合地、辩证地看待其优势与不足。现在人工智能的发展基本处在点状突破向面状发展的过渡阶段。

一方面，以计算机视觉、自然语言处理等为代表的领域中的某些应用取得了重要的突破。这些突破的应用基本属于面向有限开放场景下的特定任务的单一人工智能系统或多个专用系统集成而成的较为复杂的系统。这些应用都是面向特定任务的，比如人脸识别、棋类、自动驾驶、简单场景下的语音识别等。这些应用场景通常比较简单，任务较为单一，任务需求明确，并且可以较为方便地实现形式化，有较多的数据积累，在此类应用中有些人工智能系统已经可以超过人类的水平，如图像分类、棋类运动、无人驾驶等。

另一方面，集合多种感知及认知能力、面向不同类型任务的通用人工智能（general artificial intelligence，GAI）系统虽然也经过了数十年的发展，但仍然未取得较大的进展，应用遥遥无期。通用人工智能相对专用人工智能更接近人类智能，人脑是一个通用智能系统，可以处理视觉、听觉、触觉等多种感觉，并将它们融合处理，可以进行小样本学习，可以举一反三，可以将不同领域的知识互相迁移融合，可以进行判断、思考、推理、规划等多种任务。相对而言，专用人工智能系统都是弱人工智能，只有通用人工智能才能实现强人工智能，但通用人工智能的发展仍然面临诸多难题，如多模态信息融合、小样本学习、逻辑推理、直觉决策与逻辑决策等多个方面。总体而言，当前的人工智能整体处于有计算而无算计、有智能而无智慧、有感知而无认知的阶段。

总体上看，人工智能虽然已过"花甲之年"，但当前的发展速度却不亚于其"年轻"时，社会影响也更为广泛。当前以深度学习、强化学习等为代表的新人工智能技术不断取得突破，"人工智能＋"的模式逐渐应用于安防、零售、工业自动化、无人驾驶等各行业、各领域，为技术进步、产业模式转型、社会及经济发展注入新的动力。同时，人工智能的应用也为社会治理、道德、法律带来了之前不曾预料过的新的问题及挑战，需要社会各界共同努力，寻求解决方案。

四、人工智能，未来世界

毫无疑问，目前人工智能正处于蓬勃发展阶段，但是也要冷静地看到，人工智能的发展仍然存在一些问题，同时研究精力也过多地集中在某些领域而在一定程度上忽视了其他领域。在一些领域，人工智能的水平已经接近甚至超过了人类，而在其他的很多方面，人工智能与人类智能相比依旧相距甚远。同时，人工智能的应用已经给从社会到家庭，从工作到生活，从军事到医疗等不同范畴、多个领域都带来了明显的乃至革命性的变化。一方面，人工智能的发展是一个技术性问题，当前仍然存在很多缺陷，需要从技术上加以解决；另一方面，如同其他革命性的技术一样，人工智能的发展绝不仅仅是一个技术问题，它是一把双刃剑，既可以带来机遇，也能带来挑战，它在给人类带来不同改变的同时，也影响着人们对它的看法，影响着其未来。

纵观整个人工智能发展史可以发现，总是在人工智能的发展趋向取得大的突破时，冬天突然来临，而且每次来临的原因大同小异，均为现有的技术水平达不到人们的心理预期以及商业需要，所以不得不搁置，这也为正处于繁荣发展阶段的我们敲响了警钟，不能仅仅管中窥豹，从业者要有前瞻的目光，主动解决目前行业存在的瓶颈，这样才能使人工智能领域尽可能地平稳高效地发展。

相信很多人都有着这样的疑问：究竟我们能不能达到所谓的强人工智能？因为单从目前的智能程度来说，在较为通用的智能方面，人工智能还远远谈不上人们想要达到的程度。"阿尔法狗"的诞生，曾经令很多人眼前一亮，但现在仔细看来，"阿尔法狗"只能在围棋领域有所建树，不能跨越到其他情景之中。搜狗公司首席执行官王小川也曾说过，现在的人工智能还存在很多弱点，即使在 3 个月后，"阿尔法狗"也赢不下当初输掉的那场比赛。那么，具体的瓶颈究竟在什么地方呢？

首先是动机性。在心理学上，动机一般被认为涉及行为的发端、方向、强度和持续性。动机也是有层次的，不同层级可以互相转换。马斯洛（Abraham Maslow）于 1943 年在《人类激励理论》一文中将社会需求层次与生理需求、安全需求、尊重需求和自我实现需求并列为人类五大需求，人处于不同的需求层次就会有不同的动机层次。有了动机后，人们的行为就有了指向性，这对于人的日常行为是非常重要的。那机器究竟能否形成与人类似的动机呢？让机器产生动机的一大难点在于动机是很难被表征的。目前还没有研究清楚的展示动机的形成机制，表征的必要不充分条件是具有可以被清晰表达的框架，而且动机的转换边界并不清楚，因此，动机的权重值便无从下手，导致计算陷入僵局。另外，动机还有意识动机与无意识动机之分。目前，人工智能界对于意识层面的内容还知之甚少，更不要提进行表征了。

其次是常识。常识被定义为在一定的文化背景下，人们拥有的相同的经验知识，比较常见的有空间、时间、文化、物理常识。常识对于我们的日常生活十分重要，尤其是在我们做出决定与判断的时候尤为如此。很多常识是潜移默化形成的，是文化与背景学习的产物。那机器如何形成常识呢？早在 1959 年，约翰·麦卡锡（John McCarthy）就已经想过让机器拥有常识以变得更加聪明。目前的人工智能界有两种方法来解决这个问题。第一种方法为让机器形成学习与观察周围环境的机制，就像一个孩子一样去学习，不过这样时间成本比较大，用户能否承担起这些成本还是未知数。明斯基曾说：常识是长期实践中总结出来的庞大知识体系，包含大量生活中学到的规则和异常现象、特性及趋势、平衡与制约等。第二种方法就是建立大型的常识库，并将其存储到电脑中。其中最为著名的为 CYC 项目，这个项目由道格拉斯·莱纳特（Douglas Lenat）于 1984 年提出。首先通过采访与观察人的数据，然后由知识工程师对这些数据进行处理，以 CYCL 的形式整理成数据库。当然，这个常识库的成本过于高昂。目前常识库中比较可行的思路为让互联网上的每个用户共同建立这个常识库，并在特定的网页使用不同的语言来进行编写，这样就能节省很多时间与金钱，最为成熟的为 OMCS（Open Mind Common Sense）。

最后是决策。无论是人类的日常生活还是人工智能，最为关键的一步就是决策。如何让机器更加智能地进行决策，这是一个关乎未来人工智能走向的问题。人类的决策机制主要分为三大部分：理性决策、描述性决策与自然决策。理性决策即认为人在决策时遵循着理性价值最大化的原则，比较具有代表性的有冯·诺伊曼提出的最大期望效用理论，伦纳德·萨维奇（Leonard Savage）提出的主观期望效用理论等。而描述性决策认为人在进行决策时不完全遵循理性准则，其中丹尼尔·卡尼曼（Daniel Kahneman）与阿莫斯·特沃斯基（Amos Tversky）提出的前景理论是其中的代表。该理论认为，决策者依据价值函数、权重函数赋予选项不同的效用值，最终选取最大期望效用值做出决策。人也存在着启发式偏差，这会对决策产生影响。而自然决策专门研究人们如何在自然环境或仿真环境下实际进行决策，其中最著名的要属加里·克莱因（Gary Klein）提出的再认—启动模型（RPD），该模型认为人在决策时会依据以前的模式进行匹配。对于机器而言，进行智能决策可以借鉴人的决策习惯，可以将几种思维方式进行结合，并确认出一套判断机制，以便在特定情景下对决策行为进行抉择。例如，机器可以区分出时间与情景的压力，并建立起相对应的匹配机制，如当情景压力小时选择理性决策模式，而当时间压力大时选择自然决策模式等。

由此可见，目前人工智能界对常识、动机与决策问题中的难点解决办法看起来还不是很多，但这确是目前机器智能与人智能之间差异最为显著的地方，也是目前整个行业的瓶颈所在。如何让下一代人工智能产品更有"温度"，需要先在这几个问题上有所突破。

五、人工智能，资本之下

同样，人工智能的发展不仅面临着技术层面的问题，还面临着技术之外的问题。随着人工智能日益成为新一轮产业变革和经济社会发展的核心驱动力，重构生产、分配、交换、消费等经济活动环节，催生出更新的技术、产品、产业、模式，引发社会经济结构的重大变革，深刻改变着人类的生产生活方式和思维方式，实现社会生产力的整体跃升就成为未来社会变化的趋势。在这场以人工智能为引领的变革中，各大科技巨头是主力军，无论是国外的谷歌（Google）、微软还是国内的百度、阿里巴巴、腾讯，在人工智能的研发、应用方面都遥遥领先，继续成为执牛耳者。这些科技巨擘无一例外也都是资本巨头，资本与技术的进一步结合无疑会形成新的"超级权力"。这种"超级权力"对人工智能及未来的信息技术发展将有哪些影响？对经济社会又会产生什么影响呢？下面将对这两个问题进行初步分析。

　　所有创新科技的出现和发展都是人-机-环境系统的产物，资本与技术在这个系统中所起的作用非常重要，以前大家一致认为资本是积累财富的重要力量，现在不少人认为是技术，尤其是那些能够转化为社会产品形态的科学技术也是财富集聚增加的一个不可忽视的源泉，资本与技术两者的有机结合所产生出的"超级权力"之大更是让大家惊叹不已，从蒸汽机到电动机，从计算机到互联网，无不显露出这种范式和趋势。然而，在人工智能时代，这种模式却在发生着一些变化，例如，当前表面上几乎所有重要的人工智能领域的突破性成果都是出自谷歌、微软、IBM、亚马逊、Facebook、苹果、华为、百度、阿里巴巴、腾讯等大型公司所支持的研究平台，实际上，这些"突破性成果"大都不是这些"超级权力"公司孵化出来的，而是像多伦多大学辛顿教授实验室、哈萨比斯领导的创业小公司 DeepMind 等研究开发出来，后被这些大公司用资本收购而成的。另外，多年以来，人们一直认为算法、芯片和数据是人工智能的三大支柱，有人把算法比作"上帝之眼"，将数据比作"智能的血液"；有人认为，谁拥有更多的数据，谁拥有更好的算法，谁就将主导未来的市场产品。然而事实并非如此。从算法的工作原理看，其计算结果代表了一种统计概率，即事件发生的可能性，而非必然性。由于不具备推理能力，算法的适用范围较为受限，在某一领域是"专家"，运用到其他领域可能就成了"外行"；数据也是如此，再好的海量优质数据若不与开发者的意图、用户主观体验、市场应用环境相结合，恐怕也很难实现其内在的价值。所以，这些大公司所形成的"超级权力"对人工智能及未来的信息技术的突破性发展将不会有太大的影响，而那些为了生存和发展的中小智能/信息公司、小团队开发出令人耳目一新的颠覆性技术的可能却比较大，大公司对这些新技术所体现出的主要作用则在于收购、融合、推广、工程、应用与市场化方面。

人工智能的发展需要大量的资本投入和技术积累，这或将导致社会各产业间、人才群体间与阶层间的发展能力、资源占有程度与社会影响力方面的极大差异。这意味着这些大型跨国公司或将成为人工智能时代的巨头企业，形成操纵全球产业结构与人才、资本、技术流向的垄断能力。如果对其缺少有效的引导、制约和监督，可能会出现人工智能技术滥用而危害社会安全，或成为资本权力的附庸而激化社会矛盾的问题。美国学者纳尔逊曾提出："研究美国国家创新系统，必须研究防务政策，这是对美国经济、科技影响最大的两个公共政策领域之一。"另外一个公共政策是反垄断法，这个法案的目的是防止垄断，确保市场竞争。对照着看，美国防务政策可以视为确保"垄断"的公共政策：以国家安全的名义保证政府调集社会资源的正当性并保护其基本及必需的产业和部门。从根本上而言，市场社会优质发展是国家利益的保障，但是资本的逐利性和技术的潜利性往往会形成矛盾，如许多资本为了实现中短期的利益／利润回报，会不顾技术的长期成熟性开发而进行竭泽而渔，如各种新技术的资本绑架行为；或者为了市场盈利而不顾及对社会的责任和义务等，如游戏开发。总之，从中不难看出，这些资本与技术的进一步结合形成具有"超级权力"的科技巨擘对国家经济社会的影响既有正面影响，如加速产业的升级换代、促进社会的快速发展，同时又有负面影响，如形成垄断利益集团、限制更新技术的使用和发展。如何实现两者有效地扬长避短和协调发展，将是未来一道需要不断思考如何解决的经济-社会和资本-技术发展难题。

第二章
认知的奥秘：深度态势感知

　　尽管人的认知方式和思维结构极为复杂，具有超凡的优越性，但是随着技术的发展，我们依然可以对人脑进行模拟。通过深度态势感知，我们既能综合展现人的认知活动，也能够产生与之不同的人机智慧；既能够在信息、资源不足的情境下运转，也能在信息、资源超载的情境下作用。

从某种意义上说，人类文明是一个人类对世界和自己不断进行认知的过程。追根溯源，我们应该从人类历史，以及人类的知识获取方式的起源及其发展历程谈起。纵观人类最早的美索不达米亚文明（距今 6000 多年）、古埃及文明（距今 6000 年）及其衍生出的现代西方文明的起源——古希腊文化（距今 3000 年左右），其本质反映的是人与物或者可以说是客观对象之间的关系，这是科学技术在此快速发展的文化基础；而古印度所表征的文明中常常蕴含着人与神之间的信念；时间稍晚些的古代中国文明是四大古文明中唯一较为完整地绵延至今的文明，其核心是人与人、人与环境之间的沟通交流，这可能是中华文明持续的重要原因吧！

纵观这些人、机（物）、环境之间系统交互的过程，认知数据的产生、流通、处理、变异、卷曲、放大、衰减、消逝是无时无刻不在进行着的……如何在这充满变数的过程中保持各种可能的稳定与连续呢？为此，人们发明了众多理论和模型，使用了许多工具和方法，试图在自然与社会的秩序中找到有效的答案和万有的规律。直至近代，16 世纪一位天主教教士哥白尼的"日心说"让宗教把权威逐渐转让给了科学，之后数百年来，实验和逻辑重新建构了一个完全不同的时空世界，一次又一次地减轻了人们的生理负荷、脑力负荷，甚至包括精神负荷……

随着科学思想的不断演化，技术上也取得了长足的进步，"老三论"（系统论、控制论和信息论）尚未褪色，耗散结构论、协同论、突变论"新三论"便"粉墨登场"，电子管、晶体管、集成电路还未消逝，纳米、超算机、量子通信技术更是跃跃欲试，20 世纪四五十年代诞生的人工智能思想和技术就是在这些基础上涌现出的一个重要前沿方向。但是，由于认知机理的模糊、数学建模的不足、计算硬件的局限等，人工智能一直停留在较弱的智能状态。从目前了解到的数学、硬件等研究进展上看，短期内取得突破性进展将很难，所以如何从认知机理上打开突破口就成了很多科学家的选择。本章旨在对深度态势感知进行初步介绍与述评，以期促进该理论在国内的研究与应用。

一、深度态势感知的理论缘起

2013 年 6 月，美国空军司令部正式任命米卡·安德斯雷（Mica R. Endsley）这位以研究态势感知而著名的女科学家为新一任美国空军首席科学家，这位 1990 年南加利福尼亚大学工业与系统工程专业毕业的女博士和上一任美国空军首席科学家马克·梅贝里（Mark T. Maybury）都是以人机交互中的认知工程为研究方向，而在此之前，这个职位的人主攻航空航天专业或机电工程专业。这种以认知科学为专业背景任命首席科学家的局面在美军其他兵种当中也相当流行，这也许意味着，在未来的军民科技发展趋势中以硬件机构为主导的制造加工领域正悄悄地让位于以软件智慧为主题的指挥控制体系。

无独有偶，正当世界各地的人工智能、自动化等相关专业领域研究态势感知技术之时，全球的计算机界正致力于分析上下文感知（context awareness，CA）算法，语言学领域对于自然语言处理中的语法、语义、语用等方面也非常热衷，心理学科中的情景意识也是当下讨论的热闹之处，西方哲学的主流竟也是分析哲学。分析哲学是一个哲学流派，它的方法大致可以划分为两种类型：一种是人工语言的分析方法，另一种是日常语言的分析方法。当然，认知神经科学等认知科学的主要分支目前的研究重心也在大脑意识方面，试图从大脑的结构与工作方式入手，弄清楚人的意识产生过程。这里需要说明的一点是，无论是态势感知、上下文感知还是其他，各领域追逐的目标都是一致的，即揭开真正意义上的智能的"面纱"。

我们现在生活在一个信息日益活跃的人-机-环境（自然、社会）系统中，指挥控制系统自然就是通过人、机、环境三者之间交互及其信息的输入、处理、输出、反馈来调节正在进行的主题活动，进而减少或消除结果不确定性的过程。

指挥控制系统的核心环节是态势感知技术，对此，米卡·安德斯雷提出态势感知模型，模型具体结构如图 2-1 所示。

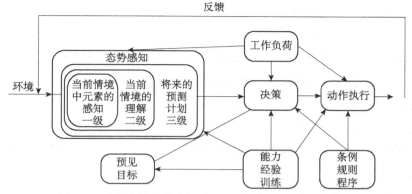

图 2-1 动态决策态势感知（SA）模型（Endsley，2000）

在该模型中，态势感知被分成三级，每一阶段都是必要但不充分地先于下一阶段，该模型沿着一个信息处理链，逐步地从环境感知到环境理解最后到预测规划，实现了从低级到高级的态势感知过程，具体为：第一级是对环境中各成分的感知，即信息的输入；第二级是对目前的情境的综合理解，即信息的处理；第三级是对随后情境的预测和规划，即信息的输出。

一般而言，人、机、环境（自然、社会）等构成特定情境的组成成分常常会发生快速的变化，在这种快节奏的态势演变中，由于没有充分的时间和足够的信息来形成对态势的全面感知与理解，所以对未来态势的精准且定量的预测可能会大打折扣，但不会影响对未来态势的定性分析。大数据时代，对于人工智能系统而言，如何在充分厘清各组成成分及其干扰成分之间的排斥、吸引、竞争、冒险等逻辑关系的基础上，建立起基于离散规则和连续概率，甚至包括基于情感和顿悟的、反映客观态势的定性定量综合决策模型显得尤为重要。简言之，不了解数据表征关系（尤其是异构变异数据）的大数据挖掘是不可靠的，建立在这种数据挖掘上的智能预测系统也不可能是可靠的。

另外，在智能预测系统中也时常需要面对一些管理缺陷与技术故障难以区分的问题，如何把非概念问题概念化？如何把异构问题同构化？如何把不可靠的部件组成可靠的系统？如何通过组成智能预测系统之中的前/后（刚性、柔性）反馈系统把人的失误/错误减到最小，同时把机和环境的有效性提高到最大？对此，1975 年计算机图灵奖及 1978 年诺贝尔经济学奖得主西蒙（H.A. Simon）提出了一个聪明的对策：有限的理性，即把无限范围中的非概念、非结构化成分可以延伸成有限时空中可以操作的柔性的概念、结构化成分处理，这样就可把非线性、不确定的系统线性化、满意化处理。不追求在大海里捞一根针，而只满意在一碗水中捞针，进而把表面上看起来无关的事物联系在了一起，使智能预测变得更加智慧，同时也更容易实现落地应用。

但是在实际工程应用中，由于各种干扰因素（主客观）及处理方法的不完善，目前态势感知理论与技术仍存在不少缺陷。

构建和维护态势感知技术对于许多不同工作和环境中的人来说可能是一个困难的过程。飞行员们报告说，他们的大部分时间一般都花在对发生事情的心理描述的实时性与准确性上。对于许多其他领域，那些系统十分复杂且必须要处理大量的实时信息。同样地，对于那些信息快速变化或难以获得信息的领域，则更是如此。

二、态势感知的敌人

良好的态势感知十分具有挑战性，其原因可以归结为人类信息处理系统的特征和复杂领域的特征两个方面，其相互作用形成了"态势感知恶魔"。"态势感知恶魔"是在许多系统和环境中破坏静态感知的因素。为了弄明白这些"恶魔"，我们将迈出第一步，为面向态势感知的设计奠定基础。我们将讨论 8 个主要的"恶魔"：注意的隧道效应；无法避免的记忆瓶颈；工作负荷、焦虑、疲劳和其他压力；数据过载；错位；复杂性蠕变；错误的心理模型；人不在环环路异常。下面分别进行介绍。

1. 注意的隧道效应

复杂领域中的态势感知包含对环境中多方面情境的感知。飞行员必须时刻把握他们在空间中的位置、飞行器系统的状态、湍急的气流对乘客舒适性和安全性的影响，围绕它们的其他交通工具以及空中交通管制指示和许可等。空中交通管制员必须同时监控许多不同的飞机之间的间隔，在任何一个时刻有多达 30 架或 40 架飞机在他们的控制下。管制员还需要处理管理飞机流和飞行员请求的必要信息，并跟进管理寻求进入或离开他们的空域的飞机。一个库存车司机必须监视发动机的状态、燃料状态、轨道上的其他车，以及维修人员的信号。

成功的态势感知高度依赖于对环境不同侧面的持续处理。有时，为了执行一个或多个任务，需要同时处理多个信息片，例如，在驾驶的同时监控路况和为了了解交通状况监控电台信息。这就是所谓的注意分享。人们在注意分享方面面临着诸多瓶颈，特别是在单一形式下，如视觉或声音，因此它只能发生在有限的范围内。

由于不能同时访问所有所需的信息，人们还建立了系统的扫描或信息采样策略，以确保他们一直掌握着事件的最新信息。一次对所需信息的扫描可能发生在数秒或几分钟内，如飞行员和空中交通管制员的例子。也可能发生在几个小时内，如发电厂电力管制员在一天内需要记录数百个不同的系统的状态。

在所有这些情况下，以及系统任何级别的复杂性下，良好的态势感知高度依赖于不同的信息源之间的注意切换。不幸的是，人们往往会陷入一种被称为注意力变窄或隧道效应的现象。当他们屈服于注意的隧道效应时，他们的注意就被锁定在他们所试图处理的环境的某种特定的方面或特征之中，将有意或无意放弃他们的扫描行为。在这种情况下，在他们集中注意力的环境部分，他们的态势感知可能非常好，但是在他们放弃注意的部分将很快变得过时。

在许多情况下，人们相信有限的集中是好的，因为在他们的意识中，他们所关注的侧面是最重要的。在其他情况下，他们只专注于某些信息而忘记恢复其信息扫描的行为。这两种情况都可能导致态势感知的严重缺失。事实是，对广泛现状的高层次理解，是能够知道某些因素确实比其他人更重要的一个先决条件。否则，在态势感知方面关键的因素往往是被忽视的。

注意的隧道效应最著名的例子是，美国东方航空公司的飞机坠毁在佛罗里达大沼泽地，机上人员全部遇难。所有三名机组人员专注于指示灯的问题，忽视了监控飞机的飞行路径，其结果是，没有正确设置自动驾驶。

　　虽然后果并不总是那么严重，但这个问题实际上是相当普遍的。最常见的类型的态势感知故障是，所有所需的信息都得到了展现，却没有受到监控态势的人的重视。在研究飞机和空中交通管制事故的过程中，琼斯和恩兹利发现所有态势感知误差 35% 属于这个范畴。虽然各种因素会导致这个问题，但最经常发生的情况是，人们只是简单地专注于其他任务相关的信息，而失去了对情境的重要方面的态势感知。

　　注意的隧道效应不只是航空领域的问题，在许多其他的领域都必须提防它。从手机到电脑导航系统的使用，随着更多的技术应用在汽车上，一个重要的问题是注意隧道正在培育其丑陋的开端。一项研究表明，开车时使用手机的风险是不使用手机的四倍，它的出现和手机是否是手持没有关系。问题不在于物理干扰的作用，而在于注意力分散。频繁地在这些设备和驾驶任务之间进行注意切换，是一个挑战。同样，更多的技术使用，如头盔式显示器，可能会导致士兵注意力变窄的问题，他们专注于显示器上，而忽视了他们周围的是什么。未来的设计，不论是在这种领域还是其他领域，需要明确地考虑这种注意的隧道效应的影响，并采取措施，以抵消它。

　　2. 无法避免的记忆瓶颈

　　人类记忆仍然是态势感知的中心部分。在这里，我们不是指长期记忆，也就是从遥远的过去的记忆的信息或事件的能力，而是短期或工作记忆。这可以被认为是一个中央存储库，具有把当前情况汇集到一起和把所发生的事情加工成一幅有意义的图片的功能（由长期记忆中形成的知识和当前的信息输入共同构成）。这种记忆存储本质上是有限的。米勒正式探讨了这个问题，人们的工作记忆空间可以容纳大约七块加上或减去两块（相关报道）信息。这对态势感知有很重要的含义。虽然我们可以提升对应的能力来在记忆中存储相当多的态势信息，通过使用一种叫作"信息块化"的处理过程，本质上工作记忆是一个存储信息的有限的缓存。态势感知失败可能会导致在该缓冲区空间不足，随着时间的推移，缓冲区的信息自然地衰减。有了经验，人们就学会了凝聚或组合多个信息成为更紧凑和易于记住的块。例如，空中交管制员不需要跟踪30架不同的飞机，但也许是五或六个不同组的相关的飞机，这样认知更易于管理。随着时间的推移，丰富的环境心理模型的建立有助于提高人们形成有意义的信息块的能力，从而更高效地存储。

即使如此，信息也不会无限期地停留在这个内存中。除非人们积极工作，以保持其存在（如重复或重复看见的信息），否则它会迅速从记忆中消失。抽象信息发生这种损失可能会很快，差不多20～30秒（如电话号码或航空器呼号），如果连接到其他信息或精神长期记忆模型，信息可能仍然可以保留一段时间。

对于态势感知，记忆起着至关重要的作用。情境的许多特征可能需要驻留在内存中。当人在环境中扫描不同的信息时，必须记住以前访问的信息，并与新的信息相结合。也必须记住听觉信息，因为它通常不能像视觉显示那样可以重新访问。在许多系统中，鉴于态势感知要求的信息的复杂性和容量，内存限制会造成一个显著的态势感知"瓶颈"这件事并不奇怪。

在许多情况下，严重依赖于一个人的记忆表现的系统可能会发生严重的错误。一次重大的飞机事故发生在洛杉矶国际机场，一个工作负担很重的空中交通管制员忘记将一架飞机移动到一个跑道，并指定另一架飞机降落在同一跑道上。她看不到跑道，不得不依靠记忆来描述发生在那里的事情。

在这样的情况下，一个人很容易会发生失误。一个更合理的处理方法是归咎于系统的设计，需要过分依赖于一个人的记忆。令人惊讶的是，许多系统都是这样做的。飞行员必须经常记住复杂的空中交通控制指令，司机试图记住口头指示，机器将记住的容忍限度和在系统发生的其他行为，军事指挥官必须吸收和记住不同的士兵在战场上的哪个位置。在这些情况下，态势感知是非常痛苦的，难怪记忆失误必然会发生。

3. 工作负荷、焦虑、疲劳和其他压力

在许多环境中，态势感知需要接受情境的考验。这些压力可以采取几种形式。在许多情况下，人们可能受到相当大的压力或焦虑，这可以发生在战场上或办公室。可以理解的是，当自己的幸福受到威胁时，压力或焦虑可能是一个问题，但也包括自尊、职业发展或高度后果事件（如生命受到威胁）等因素。其他重要的心理压力因素包括时间压力、精神工作量和不确定性。

压力源也可以是物理性质的。许多环境具有高水平的噪声或振动、过热或过冷或者光线不足。身体疲劳和对抗一个人的昼夜节律也可能是许多人面临的主要问题，如长途飞机的飞行员通常长时间和在夜间飞行。

这些压力源中的每一个都可以显著消耗态势感知。首先，它们可以通过占用它的一部分来减少已经受限的工作记忆。更少的认知资源可以用来处理和保持记忆中的信息，这些信息是形成态势感知的要素。由于依赖工作记忆可能是一个问题，所以诸如这些的压力因素只会加剧问题。其次，人们在压力下有效地收集信息的能力较差。他们可能较少关注外围信息，在扫描信息时变得更加混乱，并且更可能屈服于注意的隧道效应。人们更有可能在不考虑所有可用信息（称为过早关闭）的情况下做出决定。压力源会使接收信息的整个过程不太系统化并且更容易出错，进而破坏态势感知。

显然，这些类型的压力源可以以许多方式破坏态势感知，并且应该在可行的情况下避免或设计出操作情况。不幸的是，这并不总是可能的。例如，一定程度的个人风险将永远发生。在这些情况下，设计系统支持高效地获取所需信息以维持高水平态势感知更为重要。

4. 数据过载

数据过载是许多领域中会面临的一个重要问题。数据变化的快速速率产生了对信息摄取的需要，其迅速超过人的感觉和认知系统提供需求的能力。由于人们每次只能接收和处理有限数量的信息，所以可能发生态势感知的显著缺失。

数据过载对态势感知产生了重大挑战。如果存在比可处理的更多的听觉或视觉消息，那么个人的态势感知将快速过时或包含空白，这些空白可能是形成所发生的精神图像的重要障碍。

虽然很容易将这个问题看作人们不适合处理的自然事件，但实际上它通常是在许多系统中处理、存储和呈现数据的模式。在工程术语中，问题不是体量，而是带宽——由人的感觉和信息处理机制提供的带宽。虽然我们不能随意地改变通道的大小，但我们可以显著影响数据可以流过通道的速率。

混乱和混乱的数据流经管道的速度非常缓慢，以某些形式（如文本流）呈现的数据也通过管线移动得比图形化呈现的慢得多。通过设计以增强态势感知，可以消除或至少减少数据过载的显著问题。

5. 错位

在真实世界中，许多信息片段会在人的注意上产生竞争。对于司机，这可能包括广告牌、其他司机、道路标志、行人、拨号盘和仪表、收音机、乘客、手机对话和其他车载技术。在许多复杂的系统中，类似地会出现许多系统显示、警报，以及争取注意的无线电或电话呼叫的情况。

人们通常会试图寻找与他们的目标相关的信息。例如，汽车驾驶员可以在竞争的标志和物体中搜索特定的路牌。然而，驾驶员的注意力同时将被高度突出的信息所捕获。显著性、某些形式的信息的完整性，在很大程度上取决于其物理特性。感知系统对某些信号特性比其他信号特性更敏感。因此，如红色、移动的物体、闪烁的灯比其他特征更容易捕获人的注意。类似地，较大的噪声、较大的形状和物理上较近的物体更容易捕捉人的注意力。这些通常是可以被认为对进化生存有着重要作用，并且感知系统很好地适应的特征。有趣的是，一些信息内容，如听证人的姓名或词"火"也可以具有相似的突出特征。

这些天然的突出特性可用于促进态势感知或阻碍它。当仔细使用时，诸如运动或颜色的属性可以用于引起对关键和非常重要的信息的注意，并且因此是用于设计以增强态势感知的重要工具。不幸的是，这些工具经常被过度使用或不适当地使用。例如，如果不太重要的信息在显示器上闪烁，则其将使人的注意力分散，干扰对更重要的信息的关注。一些空中交通管制显示器就是这样，闪烁系统认为发生冲突的飞机信号，会吸引管制员的注意力。如果飞机真的在冲突，这将是一件好事。但是，错误的警报是常见的：当控制器已经采取行动来分离飞机或飞机已经计划在某一点转弯或爬升使它们脱离冲突时，使用高度突出的提示（闪光灯）会产生不必要的干扰，这可能导致操控员尝试处理的其他信息的态势感知能力下降。

在许多系统中，闪烁的灯光、移动的图标和明亮的颜色被过度使用，这产生了拉斯维加斯大道现象。有如此多的信息提请注意，很难将其中任何一个处理好。大脑试图阻止所有竞争信号，以便在该过程中使用显著的认知资源来处理期望的信息。

虽然自然世界中物体的显著性难以控制，但在大多数工程系统中，它完全可以由设计者掌控。不幸的是，在许多系统中，灯光、蜂鸣器、警报和其他信号，经常主动地引起人们的注意，或是误导，或是把他们淹没在信号中。不太重要的信息可以不经意中看起来更重要。例如，在一个飞行器显示器中围绕飞行器符号的位置绘制大的不确定性环，其位置是从低可靠性传感器数据确定的，这导致了将飞行员的注意力引向这种较不确定的信息，并且使得它看起来比基于更确定的信息显示的其他飞行器更重要，并且因此当他们实际上需要相反效果时具有更小的圆圈的非预期结果。错位的突出是系统设计中需要避免的重要态势感知"恶魔"。

6.复杂性蠕变

与数据超载的"恶魔"相关的是复杂性蠕变的"恶魔"。复杂性在新系统开发中泛滥，许多系统设计者通过特性升级的实践不知不觉地释放复杂性。电视、录像机甚至电话具有这么多特征，人们很难形成并保持系统如何工作的清晰的心理模型。研究表明，只有20%的人能正确操作他们的录像机。在消费产品使用中，这可能导致消费者的烦恼和沮丧。在关键系统中，它可能导致悲剧的发生。例如，飞行员报告称：在理解飞机上的自动飞行管理系统正在做什么以及下一步将做什么方面，存在着重大问题。这个问题持续存在，甚至那些使用这些系统多年的飞行员老手们也无法尽善尽美。

这个问题的根源是复杂性。系统的复杂性使操作者们很难充分理解这些系统的工作原理，更别提达到人机合一的高效配合状态了。

复杂性是一个微妙的态势感知"恶魔"。虽然它可以减弱人们获取信息的能力，但它主要是破坏他们正确解释系统所提供的信息并对未来可能发生的事情进行预测的能力（第 2 级和第 3 级态势感知）。他们不会理解情境的所有特征，一些意料之外的决策和行为，或系统程序本身的微妙之处，将足以导致它以完全不同的方式工作。应该指出的是，包括系统全部特征的心智模型若无法充分建立，则系统的提示很有可能被完全误解。

虽然训练通常被规定为这个问题的解决方案，但现实是随着复杂性的增加，在面对不经常发生的情况时，人们在理解系统行为上更容易显得经验不足，面对这种情况，人们需要更多的训练来学习系统，而这样做将更容易忘记系统的细微差别。

7. 错误的心理模型

心理模型是在大多数系统中建立和维护态势感知的重要机制，它们形成了一个关键的解释机制，并用于获取信息。它们告诉一个人如何组合不同的信息，如何解释信息的重要性，以及如何对未来发生的事情做出合理的预测。然而，如果使用不完全的心理模型，则可能导致糟糕的理解和预测。甚至更隐蔽地，有时错误的心理模型可能用于解释信息。例如，习惯于驾驶某种飞行器的飞行员，由于使用对于先前飞行器正确的心理模型，可能会错误地解释新飞行器的信息显示。当重要线索被误解时就会发生事故。同样，当患者被误诊时，医生可能会误解患者的重要症状。新症状将被误解以适应早期诊断，显著延迟正确的诊断和治疗。模式错误是一个特殊的例子，就是人们认为系统是在一种模式下，其实它运行在另一种模式下，从而导致他们误解信息。

模式错误是存在多种模式的许多自动化系统中的重要关注点。例如，已知导航员误解显示的下降率信息，因为他们认为自己处于一种下降速率为英尺[①]/分模式，而实际上他们处于另一种模式，其中以度为单位显示。

---

① 1 英尺 =0.3048 米。

　　错误的心理模式"恶魔"可以非常阴险，它们也称为表示错误，人们很难意识到他们是在一个错误的心理模型的基础上工作，并突破它。对于空中交通管制员的一项研究发现，即使已经有非常明显的线索，已经激活的错误心理模型在66%的时间内也不会被检测和解。人们倾向于避开那些冲突的线索去解释，以适应他们选择的心理模式，即使这种解释是牵强的，因此很难发现这些错误。这不仅导致糟糕的态势感知，还导致人们在基于冲突的信息的基础上难以检测和校正他们自己的态势感知错误。

　　因此，避免导致人们使用错误的心理模型的设计是非常重要的。自动化模式的标准化和有限使用是可以帮助最小化这种错误发生的关键原则的示例。

　　8.人不在环环路异常

　　自动化引发了最终的态势感知"恶魔"。虽然在某些情况下，自动化可以通过消除过多的工作负载来帮助态势感知，但是在某些情况下它也会降低态势感知。许多自动化系统带来的复杂性以及模式错误，即当人们错误地认为系统处于一种模式时而实则不然，都是与自动化相关的态势感知"恶魔"。此外，自动化可以通过使人离开环路来破坏态势感知。在这种状态下，它们对自动化如何执行控制元件的状态产生了糟糕的态势感知。

　　1987年，一架飞机在底特律机场起飞时坠毁，导致除一人外其他所有乘客死亡。对事故的调查表明，自动起飞配置和警告系统已经失效。飞行员没有意识到他们在起飞阶段错误地配置襟翼和缝翼，并不知道自动化系统没有像预期一样支持它们。以上是由于自动化方法让人离开控制系统功能的循环，导致一个态势感知错误的例子。

　　当一个自动化系统良好运行时，处于环路之外可能不是问题，但是当自动化系统失效或更频繁地处于设备因无预置处理方案导致无法处理的情况时，不在环中的操作者们往往是不能检测到问题，无法正确解释所提供的信息，并及时干预系统决策的。

　　来自人类信息处理的固有限制和许多人为系统特征的不足可能破坏态势感知，传统的态势感知理论对此少有涉及。设计支持新的态势感知体系需要考虑这些态势感知问题，并尽可能避免它们。良好的设计解决方案为人类的限制提供支持，可以避免已知人类处理信息过程中的一些问题。

三、深度态势感知解密

1.基本观点

深度态势感知的含义是"对态势感知的感知，是一种人机智慧，既包括了人的智慧，也融合了机器的智能"，是能指＋所指，既涉及事物的属性（能指、感觉），又关联它们之间的关系（所指、知觉），既能够理解事物原本之意，也能够明白弦外之音。它是在以安德斯雷为主体的态势感知（包括信息输入、处理、输出环节）基础上，加上人、机（物）、环境（自然、社会）及其相互关系的整体系统趋势分析，具有"软/硬"两种调节反馈机制；既包括自组织、自适应，也包括他组织、互适应；既包括局部的定量计算预测，也包括全局的定性算计评估，是一种具有自主、自动弥聚效应的信息修正、补偿的期望-选择-预测-控制体系。如果说视觉是由物体反光的漫射形成的，那么深度态势感知就相当于在暗室里打开开关看到事物的本原。

从某种意义上讲，深度态势感知是为完成主题任务在特定环境下组织系统充分运用各种人的认知活动的综合体现，如目的、感觉、注意、动因、预测、自动性、运动技能、计划、模式识别、决策、动机、经验及知识的提取、存储、执行、反馈等，它既能够在信息、资源不足的情境下运转，也能够在信息、资源超载的情境下作用。

通过实验模拟和现场调查分析，我们认为深度态势感知系统中存在着"跳蛙"现象（自动反应），即从信息输入阶段直接进入输出控制阶段（跳过了信息处理整合阶段），这主要是由于任务主题的明确、组织/个体注意力的集中和长期针对性训练的条件习惯反射所引起的，如同某个人边嚼口香糖边聊天边打伞边走路一样可以无意识地协调各种自然活动的秩序，该系统进行的是近乎完美的自动控制，而不是有意识的规则条件反应。这与《意识探秘：意识的神经生物学研究》一书中说的"当学会一件事物时，有意识地参与反而会影响效率"的说法不谋而合。与普通态势感知系统相比，它们对信息采样的样本数据会更离散一些，尤其是在感知各种刺激后的信息过滤中，表现了较强的"去伪存真、去粗取精"的能力。信息"过滤器"的基本功能是让指定的信号能比较顺利地通过，而对其他的信号发挥衰减作用，利用它可以突出有用的信号，抑制/衰减干扰、噪声信号，达到提高信噪比或选择的目的。对于每个刺激客体而言，既包括有用的信息特征，又包括冗余的其他特征，而深度态势感知系统具备了准确把握刺激客体的关键信息特征的能力（可以理解为"由小见大、窥斑知豹"的能力），所以能够形成阶跃式人工智能的快速搜索比对提炼和运筹学的优化修剪规划预测的认知能力，可以做到自动迅速地执行主题任务。对于普通态势感知系统来说，由于没有形成深度态势感知系统所具备的认知反应能力，所以觉察到的刺激客体中信息特征多且复杂，不但包括有用的信息特征，而且包括冗余的其他特征，所以信息采样量大，信息融合慢，预测规划迟缓，执行力弱。

在有时间、任务压力的情境下，"经验丰富"的深度态势感知系统常常是基于离散的经验性思维图式/脚本认知进行决策活动（而不是基于评估），这些图式/脚本的认知决策活动是形成自动性模式（即不需要每一步都进行分析）的基础。事实上，它们是基于以前的经验积累而进行的反应和行动，而不是通过常规统计概率的方法进行决策选择（基本认知决策中的情境评估是基于图式和脚本的。图式是一类概念或事件的描述，是形成长期记忆组织的基础。在"Top-Down"信息控制处理过程中，被感知事件的信息可按照最匹配的存在思维图式进行映射；而在"Bottom-Up"信息自动处理过程中，根据被感知事件激起的思维图式调整不一致的匹配，或通过积极的搜索匹配最新变化的思维图式结构）。

深度态势感知系统有时也要被迫对一些变化了的任务情境做有意识的分析决策（自动性模式已不能保证准确操作的精度要求），但深度态势感知系统很少把注意转移到非主题或背景因素上，这将会导致"分心"。这种现象也许与复杂的训练规则有关，因为在规则中普通态势感知系统被要求依程序执行，而规则程序设定了触发其情境认知的阈值（即遇到规定的信息被激活），而实际上，动态的情境常常会使阈值发生变化；对此，深度态势感知系统通过大量的实践和训练经验，形成了一种内隐的动态触发情境认知阈值，即遇到对自己有用的关键信息特征就被激活，而不是只激活规定的信息特征。

一个"Top-Down"处理过程提取信息依赖于（至少受其影响）对事物特性的以前认识；一个"Bottom-Up"处理过程提取信息只与当前的刺激有关。所以，任何涉及对一个事物识别的过程都是"Top-Down"处理过程，即对于该事物已知信息的组织过程。"Top-Down"处理过程已被证实对深度知觉及视错觉有影响。"Top-Down"与"Bottom-Up"过程是可以并行处理的。

在大多数正常情境下，态势感知系统是按"Top-Down"处理过程达到目标；而在不正常或紧急情境下，态势感知系统则可能会按"Bottom-Up"处理过程达到新的目标。无论如何，深度态势感知系统应在情境中保持主动性（前摄的，如使用前馈控制策略保持在情境变化的前面）而不是反应性（如使用反馈控制策略跟上情境的变化），这一点是很重要的。这种主动性（前摄的）策略可以通过对不正常或紧急情境下的反应训练获得。

在真实的复杂背景下，对深度态势感知系统及技术进行整体、全面的研究，根据人-机-环境系统过程中的信息传递机理，建造精确、可靠的数学模型已成为研究者所追求的目标。人类认知的经验表明，人具有从复杂环境中搜索特定目标，并对特定目标信息进行选择处理的能力。这种搜索与选择的过程被称为注意力集中（focus attention）。在多批量、多目标、多任务情况下，快速有效地获取所需要的信息是人所面临的一大难题。将人的认知系统所具有的环境聚焦（environment focus）和自聚焦（self focus）机制应用于多模块深度态势感知技术系统的学习，根据处理任务确定注意机制的输入，使整个深度态势感知系统在注意机制的控制之下能有效地完成信息处理任务，并形成高效、准确的信息输出，有可能为上述问题的解决提供新的途径。如何建立适度规模的多模块深度态势感知技术系统是首先需要解决的问题，另外，如何控制系统各功能模块间的整合与协调也是需要解决的一个重要问题。

通过研究，我们是这样看待深度态势感知认知技术问题的：首先，深度态势感知过程不是被动地对环境的响应，而是一种主动行为，深度态势感知系统在环境信息的刺激下，通过采集、过滤，改变态势分析策略，从动态的信息流中抽取不变性，在人、机、环境交互作用下产生近乎知觉的操作或控制；其次，深度态势感知技术中的计算是动态的、非线性的（同认知技术计算相似），通常不需要一次将所有的问题都计算清楚，而是对所需要的信息加以计算；最后，深度态势感知技术中的计算应该是自适应的，指挥控制系统的特性应该随着与外界的交互而变化。因此，深度态势感知技术中的计算应该是外界环境、装备和人的认知感知器共同作用的结果，三者缺一不可。

研究基于人类行为特征的深度态势感知系统技术，即研究在不确定性动态环境中组织的感知及反应能力，对于社会系统中重大事变（战争、自然灾害、金融危机等）的应急指挥和组织系统、复杂工业系统中的故障快速处理、系统重构与修复、复杂环境中仿人机器人的设计与管理等问题的解决都有着重要的参考价值。

2. 意义的建构

在深度态势感知系统中，我们的主要目的不是构建态势，而是建构起态势的意义框架，进而在众多不确定的情境下实现深层次的预测和规划。

一般而言，"感"对应的常是碎片化的属性，"知"则是同时进行的关联（关系）建立，人的感、知过程常常是同时进行的（机的不然），而且人可以同时进行属性（物理、心理、生理等）、关系的感与知，还可以混合交叉感觉、知觉，日久就会生成某种直觉或情感，从无关到弱关、从弱关到相关、从相关到强关，甚至形成"跳蛙"现象，在这个过程中类比发挥着非常重要的作用，是把隐性默会知识转化成显性规则 / 概率的桥梁。根据现象学，意识最关键的是知觉，就是能觉知到周边物体和自身构成的世界。而对物体的知觉是通过自身和物体的互动经验的整合而对物体产生的控制。比如，对附近桌子上的一个苹果的知觉是可以吃，走过去可以拿在手里，可以抛起来等。

一般认为知觉是信号输入，但事实上，计算机接收视频信号输入但是没有视觉，因为计算机没有行动能力。知觉需要和自身行动结合起来，这赋予输入信号语义，输入信号不一定导致一定的行动，必须要结合动作才有知觉。知觉的产生先经过输入信号、自身运动和环境物体协调整合，整合形成经验记忆，再遇到相关的信号时就会产生对物体的知觉（对物体可作的行动）。当然，只有知觉可能还不够，智能系统还需要有推理、思考、规划的能力。但这些能力可以在知觉平台基础上构建。

人与机器在语言及信息的处理差异方面，主要体现在能否把表面上无关之事物相关在一起。尽管大数据时代可能会有所变化，但对机器而言，基于规则条件及概率统计的决策方式（抽象表征的提炼）与基于情感感动及顿悟冥想的判断（人类特有的）机理之间的鸿沟依然存在。

爱因斯坦曾这样描述逻辑与想象之间的差异："逻辑会带你从 A 点到达 B 点，想象力将把你带到任何地方（Logic will get you from A to B，imagination will take you everywhere）。"其实，人最大的特点就是能根据特定情境把逻辑与想象、具象与抽象进行有目的的弥聚融合。这种灵活弹性的弥散聚合机制往往与任务情境紧密相关。正如涉及词语概念时，有些哲学家坚持认为，单词的含义是世界上所存在的物理对象所固有的；而维特根斯坦则认为，单词的含义是由人们使用单词时的语境所决定的。这种现象在人的意识里也有，如欲言又止、左右为难、瞻前顾后。思想斗争的根源与不确定性有关，与人、物、情境的不确定有关，解决这种问题的关键是如何平衡，找到满意解（"碗中捞针"），而不是找到最优解（"海中捞针"）。相比之下，战胜围棋世界冠军李世石的机器程序"阿尔法狗"参数调得就很好，这种参数的平衡恰恰就是竞争冒险机制的临界线，就像太极图中阴阳鱼的分界线一般。竞争冒险行为中定性与定量调整参数之间一直有个矛盾，定性是方向性问题，而定量是精确性问题。

对人类而言，最神秘的意识是如何产生的？这个问题一直受到学者们的关注。其中有两个主要问题，一是意识产生的基本结构，二是交互积累的经验。前者可以是生理的也可以是抽象的，是人和机器的差异；后者是人或机器的必要条件。意识是人-机-环境系统交互的产物，目前的机器理论上没有人-机-环境系统的（主动）交互，所以没有"你我他"这些参照坐标系。有人说，"当前的人工智能中没有智能，时下的知识系统中没有知识，一切都是人类跟自己玩，努力玩得似乎符合逻辑、自然、方便且容易记忆和维护。"此话固然有些偏颇，但也反映出了一定的道理，即意识是人-机-环境系统交互的产物，目前的机器理论上没有人-机-环境系统的（主动）交互，从而很难反映出各种隐含着稳定和连续意义上的某种秩序。笔者曾经和一位著名摄影家交流，他曾不无深意地给摄影人说过十句话：第一，照片拍得不够好，是因为你离生活还不够近；第二，用眼睛捕捉的镜头只能称为照片，用心灵捕捉的镜头才能叫艺术；第三，我所表达的都是真实的自我，是真正出于我的内心；第四，有时候最简单的照片是最困难的；第五，只有好照片，没有好照片的准则；第六，摄影师必须是照片的一部分；第七，我觉得影子比物体本身更吸引我；第八，名著、音乐、绘画都给我很多灵感和启发；第九，我不喜欢把摄影当作镜子只反映事实，所以在表达上留有想象空间；第十，我一生都在等待光与景物的交织，然后让魔法在相机中产生。这十句话似乎对深度态势感知中的意义建构也同样有意义。

　　有时，可把数据理解或定义为人对刺激的表示或应对，即使是看见一个字，听到一个声等。没有各种刺激，智能可能无法发育、生长（不是组装），爱因斯坦说过："单词和语言在我的思考过程中似乎不起任何作用。我思索时的物理实体是符号和图像，它们按照我的意愿可以随时地重生和组合。"语言是符号的线性化，语言也限制思维，这些许像人机智能的差异：一种记忆型（类机），一种模糊型（类人），人的优点在于可以将更大范围、更大尺度（甚至超越语言）的无关相关化，机的局限性恰在于有限的相关。例如，描述一个能在三维空间跟踪定位物体的系统，通过将位置和方向纳入一个目标的属性，系统能够推断出这些三维物体之间的关系。大数据冗余可能造成精度干扰或认知过载（信息冗余是大数据时代的自保策略），这种情况下，小数据学习方法将会有很大助益，因为小数据更加依赖分析的精度，而不是庞大的数据量。当然，小数据也有短板，即没有大数据的信息冗余作为补偿。

四、人的智慧对人工智能

截至目前，机器的存储依然是通过形式化实现的，而人的智慧往往是通过形象化实现的，人工智能的计算是形式化进行的结果，而人的算计往往是客观逻辑加上主观直觉融合而成的结果。计算出的"预测"不影响结果，算计出的"期望"却时常改变未来，从某种意义上说，深度态势不是通过计算感知得到的，而是通过认知形成的，自主有利有弊，有悖有义，它是由内而外的尝试修正，是经历的验证-经验的类比迁移。如果说计算是脑机，那么算计就是心机，心有多大世界就有多大。

有人认为，人工智能就是人类在了解自己、认识自己。实际上，人工智能只是人类在试图了解自己而已，因为"我是谁"这个坐标原点仍远远没有确定下来……"我是谁"的问题就是自主的初始问题，也是人所有智能坐标体系框架的坐标原点，记忆是这个坐标系中具有方向性的意识矢量（意向性），与冯·诺伊曼计算机体系的存储不同，这里面的程序规则及数据信息不是静止不变的，而是在人-机-环境系统交互中随机应变的（所以单独的类脑意义是不大的），这种变化的灵活程度常常反映出自主性的大小。例如，语言交流是自主的典范，是根据交互情景（不是场景）展开的，无论怎样测试，都是脚本与非脚本的反应，可以根据其准确性的大小判定人机孰是孰非……有人把语言分为"三指"，即指名、指心、指物，并指出研究这三者及其之间的关联一直是人工智能面临的难题和挑战。无独有偶，19世纪，英国学者就提出过能指、所指的概念，细细想来，这些恐怕都不外乎涉及事物的属性（能指、感觉）及其之间的关系（所指、知觉）问题吧！实际上，一个词、一句话、一段文都离不开自主的情境限定，我们知道的（所指）要远比我们能说出来的（能指）多得多吧？若不信，想想你见过的那些眼睛会说话的人吧！追根溯源，一般是缘于此中的情理转化机制：感性是理性的虫洞，穿越着理性的束缚与约束；理性是感性的黑洞，限制着感性的任性与恣意。正可谓，自主的意识驾驭着情理，同时又有情理奴役着……

当前智能领域面临的最大困难是人的意向性与行为差异的程度，行为可以客观显性化，而意向性主观隐性化，意向性包括思与想，即反思和设想，反思是对经验的总结即前思，设想是面向未来的假定即后想，苦思冥想，目标都是为了解决当前的问题。

形式化和意向性的区别是表和里的区别，也是现象和规律的区别，比如日落与腿疼。日落的表象是太阳落山，实际上是地球绕太阳转动这一客观规律的具体表象；腿疼的表象是腿疼，本质上是大脑特定部位的神经痛。

意向性是主体对事物的感知，因此是内在的、个性化的。形式化是对客体的感知，如物理定理、数学公式脱离个体存在且为多数人所接受，因此是外在的、共性化的感知。

"休谟问题"的具体含义是"从事实推不出价值"来，可是，这个世界却是一个事实与价值混合的世界，不知从价值（意义）能推出事实吗？汉字就是智能的集中体现，有形有意，如"日""月""人"，一目了然，心领神会；西方的文字常常无形无意，逻辑类推。智能的本质就是把意向性与形式化统一起来，所以汉字从象形到会意的过程，就是人类自然智能的发展简史。同时，人机智能融合中的深度态势感知就是意向性与形式化的综合。

智能的本质在于自主与"相似"的判断，在于恰如其分地把握"相似度基准"分寸。人比机器优越的一点是：可以从较少的数据中更早地发现事物的模式。其原因之一就源于机器没有坐标原点，即"我"是谁的问题。对人而言，事物是非存在的有——其存在并不是客观的，而是我们带着主观目的观察的结果，并且这种主客观的混合物常常是情境的上下文产物，如围绕是、应、要、能、变等过程的建构与解构往往是同时进行的。另外，即使是同一种感觉，如视觉也具备具体指向与抽象意蕴，握手的同时除了生理接触外，还可以伴随心理暗示。人脑在进行自主活动时可以产生"从欧几里得空间到拓扑空间的映射"。也就是说，在做选择和控制时，人可以根据具体目的的不同，不断变化其依据进行的相似度基准（不是欧氏空间上的接近性，而是情理上的联系网络），并依此决定是否实施情境分类。

与机相比，人的语言或信息组块能力强，拥有有限记忆和理性；机器对于语言或信息的组块能力弱，拥有无限记忆和理性，其语言（程序）运行和自我监督机制的同时实现应是保障机器可靠性的基本原则。人可以在使用母语时以不考虑语法的方式进行交流（非程式语言），并且在很多情境下可以感知语言、图画、音乐的多义性，如人的听觉、视觉、触觉等在具有辨别性的同时还具有情感性，常常能够知觉到只可意会不可言传的信息或概念（如对哲学这种很难通过学习得到学问的思考）。机器尽管可以下棋、回答问题，但对跨领域情境的随机应变能力很弱，对彼此矛盾或含糊不清的信息不能反应（缺少必要的竞争冒险选择机制），主次不分，综合辨析识别能力不足，不会使用归纳、推理、演绎等方法形成概念、提出新概念，更不用说能产生形而上学的理论形式。

高手学习的方法是，先用感性能力帮助自己选择，再用理性能力帮助自己思考。感性是内在的意向性，是潜在因素的关联显化；理性是形式化的意向性，是显性的关联关系。

除此之外，人的学习与机器学习的不同之处还在于：人的学习是碎片化＋完整性混合进行的，所以自适应能力比较强，一直在进行不足信息情境下的稳定预测和不稳定控制，失预、失控场景时有发生，所以如何二次、三次……多次及时地快慢多级反馈调整修正就显得越发必要。在这方面，人在非结构、非标准情境下的处理机制要优于机器，而在结构化、标准化场景下，机器相对而言要优于人类。并且，这种自适应性是累积的，慢慢会形成一种个性化的合理性期望，至此，自主（期望＋预测＋控制）机制开始产生且成长起来……智能不是百科全书，而是包含了不少的虚构和想象。爱因斯坦说："想象力比知识更重要，因为知识是有限的，而想象力概括着世界上的一切，推动着进步，并且是知识进化的源泉。"虚构是智能的实质表征，从似曾相识、似是而非、似非而是等可强意会弱言传的现实存在可见一斑。

　　主流机器学习的办法是，首先用一个"学习算法"从样本中生成一个"模型"，然后以此模型为算法解决实际问题。而实际上，问题常常不严格区分学习过程和解题过程，而是把整个系统运行分解成大量"基本步骤"，每一步由一个简单算法实现一个推理规则。这些步骤的衔接是实时确定的，一般没有严格可重复性（因为内外环境都不可重复）。因此，一个通用的智能系统应该没有固定的学习算法，也应该没有不变的解题算法，而且"学习"和"推理"应是同一个过程。

　　另外，人的学习是因果关系、相关关系甚至于风俗习惯的融合，这些有的可以程序化，很多目前还很难描述清楚，如一些主观感受、默会知识等，而机器学习显性的知识内涵要远远大于隐性的概念外延。实际上，对人的认知过程而言，规则与概率之间的关系是弥聚性的，规则就是大概率的存在，概率在本质上则是没有形成规则的状态。习惯是规则的无意识行为，学习则是概率的累积过程，包含熟悉类比和生疏修正部分。一般而言，前者是无意识的，后者是有意识的，是一个复合过程。另外，人处理信息的过程是变速的，有时是自动化的下意识习惯释放，有时是半自动化的有意识与无意识平衡，有时则是纯人工的慢条斯理，但是这个过程不是单纯的信息表达传输，还包括如何在知识向量空间中建构组织起相应的语法状态，以及重构出各种语义、语用体系。

　　自由调节的环境系统触发了自主体系的反向运动，由此形成了人、机与环境之间的多向运动或多重运动，进而导致了矛盾和冲突。这种不一致甚至相反问题的解决常常不是单纯数学知识力所能及的，一个问题有边界、有条件、有约束求解时是数学探讨，同一个问题无边界、无条件、无约束求解时往往变成了哲学研究，如虚构如何修正真实？真实如何反馈与虚构？这将是一个很有味道的问题。

五、深度态势感知的未来

　　深度态势感知本质上就是变与不变、一与多、自主与被动等诸多悖论产生并解决的过程。所以，该系统不应是简单的人机交互，而应是贯穿整个人-机-环境系统的自主（包含期望、选择、控制，甚至涉及情感领域）认知过程。鉴于研究深度态势感知系统涉及面较广，极易产生非线性、随机性、不确定性等，所以其系统建模研究时常面临着较大的困难。在之前的研究中，多种有价值的理论模型被提出并用于描述态势感知系统行为，但这些模型在对实际工程应用系统的实质及影响因素方面考虑还不够全面，也缺乏对模型可用性的实验验证，所以本章重点就是针对深度态势感知概念的实质及影响因素这两个关键问题进行了较深入探讨，追根溯源，以期早日实现高效、安全、可靠的深度态势感知系统，并应用于相应的人机智慧产品或系统中。

第三章
探索人机未来：人机融合智能

　　"话说天下大势，分久必合，合久必分"，自然科学中的诸多学科之大势也莫不如此。在人类经历了数百年的学科精分细化之后，随着人工智能的快速发展，许多学科正在慢慢交叉融合起来。在经历了三次起伏后（即 20 世纪 70 年代后期对数学定理证明非万能的清醒、90 年代后期对专家系统与五代机的失望、2006 年深度学习掀起了新一轮的浪潮），人们狂热的希望逐渐踏实了很多，目光也慢慢地从科幻转移到了一个崭新而又富有活力的领域：人机融合智能。

深度态势感知作为认知领域的研究重点，其中就提到了人的智慧与机的智能统一问题。它立足于认知领域，参考人的态势感知方式，构建具有人机智慧的新的认知方式。这揭示了未来智能发展的方向，即人与机器的智慧融合——人机融合智能。从当前人工智能发展中的问题和局限我们可以推导出，人机融合智能才是当今智能时代的最佳解决方案。

一、人工智能的考验

从历史上看，人工智能大概分三大门派，一是以模仿大脑皮质神经网络及神经网络间的连接机制与学习算法的联结主义（connectionism），主要表现为深度学习方法，即用多隐层的处理结构处理各种大数据；二是以模仿人或生物个体、群体控制行为功能及感知-动作型控制系统的行为主义（actionism），主要表现为具有奖惩控制机制的强化学习方法，即通过行为增强或减弱的反馈来实现输出规划的表征；三是以物理符号系统（即符号操作系统）具有产生智能行为的充分必要条件假设和有限理性原理为代表的符号主义（symbolicism），主要表现为知识图谱应用体系，即用模拟大脑的逻辑结构来加工处理各种信息和知识。正是由于这三种人工智能派别的取长补短，再结合蒙特卡罗算法（两种随机算法中的一种，如果问题要求在有限采样内，必须给出一个解，但不要求是最优解，那就要用蒙特卡罗算法；反之，如果问题要求必须给出最优解，但对采样没有限制，那就要用拉斯维加斯算法），使得特定领域的人工智能系统超过人类的智能成为可能，如国际商业机器公司的"沃森"问答系统和 Google DeepMind 的"阿尔法狗"围棋系统等。尽管这些人工智能系统取得了骄人的绩效，但仍有不少不足之处，而且有可能会产生很大的隐患和危险。

首先，分析一下让人工智能在当下炙手可热的联结主义。当前的人工智能热度不减，其主要原因是 2006 年辛顿提出的深度学习方法大大提高了图像识别、语音识别等方面的效率，并在无人驾驶、"智慧+"某些产业中切实体现出助力作用。然而，任何一种算法都有其不完备性，深度学习算法也不例外。该方法的局限性和不足之处在于：不可微分，弱监督学习（样本分布偏移大、新类别多、属性退化严重、目标多样），开放动态环境下该方法效果较差，计算收敛性不好。另外，相对于其他机器学习方法，使用深度学习生成的模型非常难以解释。这些模型可能有许多层和上千个节点，单独解释每一个节点是不可能的任务。数据科学家通过度量它们的预测结果来评估深度学习模型，但模型架构本身是个"黑盒"，它有可能会让你在不知不觉间失去"发现错误"的机会。再者，如今的深度学习技术还有另一个问题，它需要大量的数据作为训练基础，而训练所得的结果却难以应用到其他问题上。如何在各种现实情境任务中恰如其分地解决这些问题，就需要结合其他的方法取长补短、协调配合。

其次，行为主义中的增强学习的优点是能够根据交互作用中的得失进行学习绩效的累积，与人类真实的学习机制相似。该方法最主要的缺点是把人的行为过程看得太过简单，实验中往往只是测量简单的奖惩反馈过程，有些结论不能迁移到现实生活中，所以往往外部效度不高。还有，行为主义锐意研究可以观察的行为，但是由于它的主张过于极端，不研究心理的内部结构和过程，否定意识的重要性，进而将意识与行为对立起来，进而限制了人工智能的纵深发展。

最后，是符号主义及其知识图谱，符号主义属于现代人工智能范畴，基于逻辑推理的智能模拟方法模拟人的智能行为。该方法的实质就是模拟人的大脑抽象逻辑思维，通过研究人类认知系统的功能机理，用某种符号来描述人类的认知过程，并把这种符号输入能处理符号的计算机中，从而实现人工智能。符号主义的思想可以简单地归结为"认知即计算"。从符号主义的观点来看，知识是信息的一种形式，是构成智能的基础。知识表示、知识推理、知识运用是人工智能的核心，知识可用符号表示，认知就是符号的处理过程，推理就是采用启发式知识及启发式搜索对问题求解的过程，而推理过程又可以用某种形式化的语言来描述，因而有可能建立起基于知识的人类智能和机器智能的同一理论体系。目前知识图谱领域面临的主要挑战包括：知识的自动获取、多源知识的自动融合、面向知识的表示学习、知识的推理与应用。符号主义主张用逻辑方法建立人工智能的统一理论体系，但遇到了"常识"问题的障碍，以及不确知事物的知识表示和问题求解等难题，因此，受到其他学派的批评与否定。

从上述人工智能三大流派的特点及缺点分析，我们不难看出，人的思维很难在人工智能现有的理论框架中得到解释。那该如何做才有可能寻找到一条通往智能科学研究的光明前程之路呢？下面我们将针对这个问题展开思考和讨论。

二、人工智能的道路是有限的

"计算机之父"图灵的朋友和老师维特根斯坦在他的《逻辑哲学论》中写道："世界是事实的总和而非事物的总和。"其中的事实是指事物之间的关涉联系——关系，而事物是指事物的各种属性，就目前人工智能技术的发展态势而言，绝大多数都是在做识别事物属性方面的工作，如语音、图像、位置、速度等，而涉及事物之间的各种关系层面的工作还很少，但是已经开始做了，如大数据挖掘等。面对眼花缭乱的人工智能技术，人们常常思考着这样一个问题：什么是智能？智能的定义究竟是什么？

关于智能的定义，有人说是非存在的有，有人说是得意忘形，有人说是随机应变，有人说是鲁棒适应，有人说可能有一百个专家就有一百种说法。实际上，现在要形成一个大家都能接受的定义是不太可能的，但是这并不影响大家对智能研究中的一些难点、热点达成一致看法或共识，如信息表征、逻辑推理和自主决策等。

一般而言，任何智能都是从数据输入开始的，对人而言，数据就是各种刺激（眼、耳、鼻、舌、身）；对机器而言，数据就是各种传感器采集到的各种数据，数据是相对客观的，而从中提炼出有价值的数据——信息就是相对主观的，信息带有人的价值观、偏好倾向和风俗习惯特征。人机处理数据最大的差异在于形成信息的表征，机器中的数据常常是结构化归一量化后的"标准数据"，数据表征的符号就是 0、1 或其他进制的数字；人采集到的数据则是各种非结构化、非一致性不同量纲种类的刺激输入，其表征方式是极其灵活多变的，对一朵花、一棵树甚至可以有无限多种表征，正所谓"一花一世界、一树一菩提"，而且表征出的信息符号是由"能指""所指"构成的，"能指"指具体的物理刺激形象，"所指"指信息所反映的事物的概念及拓扑关系。比如，对于一杯水，机器可能表征它为高度、宽度、密度、颜色等客观数值参数，而人除此之外，还可以把它表征为热情、友谊、问候、送客等方面的多维内涵外延拓展，这种千差万别的混合指向变化，机器无论如何是表征不出，也处理不了的……所以，从智能的源头就可以找到人工智能与人类智能的根本区别之所在。数据的变化与动态映射是感知的瓶颈，人会期望性地补偿或回望性地修正，而机器就是把"过去性"（数据）当成"当下性"来处理，若数据处理过程中不敏感则罢，若是临界性数据，就常常会差之毫厘谬以千里了。数据、信息、知识、逻辑本质上就是事物之间不同程度的关系表征，这种表征可以体现在人的记忆和直觉之间，也可以显示于机器的存储与计算之中。只不过机器数据的单一表征从一开始就异于人的多种刺激融合，这也是机器不能产生类人意向性的主要原因：缺乏灵活的一多分有（内涵外延伸张弥聚有度自如）的表征机制。

有人认为符号化和对象化可能是两个不同的步骤。一个对象可以没有符号名字，也可以有多个符号名字，一个符号可以表示多个不同对象。智能的理解要做到符号到对象的指向性，没有做到指向性，只是符号间关系的处理，不能算理解。实际上对人而言，感与知往往是同步的，在形成习惯风俗后，对象与符号应该也是融合的。

有了数据和信息之后，智能的信息处理架构就格外重要了。截至目前，有不少大家提出了一些经典的理论或模型，例如在视觉领域，大卫·马尔（David Marr）的三层次理论结构至今仍为许多智能科技工作者所追捧。作为视觉计算理论的创始人，马尔认为，神经系统所做的信息处理与机器相似。视觉是一种复杂的信息处理任务，目的是要把握对我们有用的外部世界的各种情况，并把它们表达出来。这种任务必须在三个不同的水平上来理解，这就是计算理论、算法、机制。

马尔早先提出的一些基本概念在计算理论这一级水平上已经成为

一种几乎是尽善尽美的理论。这一理论的特征就是它力图使人的视觉信息处理研究变得越来越严密，从而使它成为一门真正的科学。

当前，在解释人类认知过程工作机理的理论中，由卡耐基·梅隆大学教授约翰·罗伯特·安德森（John Robert Anderson）提出的ACT-R（adaptive control of thought-rational）模型被认为是非常具有前途的一个理论。该理论模型认为，人类的认知过程需要四种不同的模块参与，即目标模块、视觉模块、动作模块和描述性知识模块。每一个模块各自独立工作，并且由一个中央产生系统协调。ACT-R的核心是描述性知识模块和中央产生系统。描述性知识模块存储了个体所积累的长期不变的认识，包括基本的事实（如"西雅图是美国的一座城市"）、专业知识（如"高速铁路交通信号控制方案的设计方法"）等。中央产生系统存储了个体的程序性知识，这些知识以条件-动作（产生式）规则的形式呈现，当满足一定条件时，相应的动作将被对应的模块执行，产生式规则的不断触发能够保证各个模块相互配合，模拟个体做出的连续认知过程。ACT-R是一种认知架构，用以仿真并理解人的认知的理论，该理论试图理解人类如何组织知识和产生智能行为，目标是使系统能够执行人类的各种认知任务，如捕获人的感知、思想和行为。

无论是大卫·马尔的三层次结构计算视觉理论，还是约翰·罗伯特·安德森的ACT-R理论模型，以及许多解释和模拟人类认知过程的模型，都存在一个共同的缺点和不足，即不能把人的主观参数和机器/环境中的客观参数有机地统一起来，模型的弹性不足，很难主动地产生鲁棒性的适应性，更不要说产生情感、意识等更高层次的表征和演化。当前的人工智能与人相比，除了在输入表征和融合处理方面的局限外，在更基本的哲学层面就存在这先天不足，即回答不了"休谟问题"。

"休谟问题"是指英国哲学家大卫·休谟（David Hume）在《人性论》的第一卷和《人类理智研究》中提出来的。休谟首先提出了一个未能很好解决的哲学问题，主要是指因果问题和归纳问题，即所谓从"是"（being）能否推出"应该"（should），也即"事实"命题能否推导出"价值"命题。休谟指出，由因果推理获得的知识，构成了人类生活所依赖的绝大部分知识。这个由休谟对因果关系的普遍、必然性进行反思所提出的问题被康德称为"休谟问题"。"休谟问题"表面上是一个著名的哲学难题，实际上更是一个人工智能的瓶颈和难点，当把数据表征为信息时，"能指"就是相对客观表示"being"，而"所指"就是主观表达"should"。

从认识论角度，"应该"就是从描述事物状态与特征的参量（或变量）的众多数值中取其最大值或极大值，"是"就是从描述事物状态与特征的参量（或变量）的众多数值中取其任意值。从价值论角度，"应该"就是从描述事物的价值状态与价值特征的众多参量（或变量）中取其最大值或极大值，"是"就是从描述事物价值是状态与价值特征的参量（或变量）的众多数值中取其任意值。

受偏好、习惯、风俗等因素的影响，即使是人类的认识论和价值论也经常出现非因果归纳和演绎。比如严格意义上而言，从"天行健"这个事实（being）命题是不能推出"君子以自强不息"这个价值观（should）命题的，但是随着时间的延续，这个类比习惯渐渐变成了有些因果的意味。人工智能的优势不仅在于存储量大、计算速度快，更重要的是，它在精度上优势明显，但是要处理类似虽是由人类提出的但仍远远不能完美回答的"休谟问题"恐怕还是"强机所难"吧！人工智能如果有一定的智能，恐怕更多的应是数字逻辑语言智能，在特定场景既定规则和统计又既定输出的任务下可以极大地提升工作效率，但在有情感、有意向性的复杂情境下仍难以无中生有、随机应变。未来智能科学的发展趋势必将会是人机智能的不断融合促进。

三、未来是人机智能的融合

简单地说，人机融合智能就是充分利用人和机器的长处形成一种新的智能形式。

英国前任首相丘吉尔曾经说过："你能看到多远的过去，你就能看到多远的未来。"所以，我们有必要看看人机智能融合的过去。任何新事物都有其产生的源泉，人机融合智能也不例外，它主要起源于人机交互和智能科学这两个领域，而这两个领域的起源都与英国剑桥大学有着密切的关系：1940 年夏，当德国轰炸机飞向伦敦之际，人机交互与智能科学的研究序幕就被徐徐拉开。英国为了抵御德军的进攻，开始了雷达、飞机、密码破译方面的科技应用工作，当时在剑桥大学圣约翰学院建立了第一个研究人机交互问题的飞机座舱（Cambridge Cockpit），以解决飞行员在执行飞行任务时出现的一些错误和失误。另外，伦敦国王学院的毕业生图灵领导了对德军"恩尼格玛"密电文的破译……事实上，早在 19 世纪，剑桥大学的查尔斯·巴贝奇和阿达·奥古斯塔（剑桥大学毕业的诗人拜伦的女儿，世界上首位程序员）就开始合作机械计算机软硬件的研制，20 世纪之后，数学家罗素、逻辑学家维特根斯坦（图灵的老师和朋友）都对智能科学的起源和发展做出了重大的贡献。当前，人机智能融合领域"深度学习之父"辛顿曾是剑桥大学心理系的学生，"阿尔法狗之父"哈萨比斯是剑桥大学计算机系毕业的。

在人机智能融合时，有一件事非常重要，就是这个人要能够理解机器如何看待世界，并在机器的限制内有效地进行决策。反之，机器也应对配合的人比较"熟悉"，就像一些体育活动中的双打队友一样，如果彼此间没有默契，想产生化学变化般的合适融合、精确协同就如同天方夜谭。有效的人机智能融合常常意味着将人的思想带给机器，这也就意味着，人将开始有意识地思考他通常无意识地执行的任务；机器将开始处理合作者个性化的习惯和偏好；两者还必须随时随地地随环境的变化而变化……高山流水，电脑与心灵相互感应，充分发挥两者的优点和长处，如人类可以打破逻辑运用直觉思维进行决策、机器能够检测人类感觉无法检测到的信号能力等。人类所理解的每一个命题，都必定是由我们所获知的各种成分所组成的。

人机智能难于融合的一个重要原因还在于时空和认知的不一致性，人处理的信息与知识能够变异，其表征的一个事物、事实既是本身同时又是其他事物、事实，一直具有相对性，机器处理的数据标识缺乏这种相对变化性。更重要的是，人意向中的时间、空间与机形式中的时间、空间不在同一尺度上，一个偏重心理而一个更侧重于物理；在认知方面，人的学习、推理和判断随机应变，时变法亦变，事变法亦变，机的学习、推理和判断机制是特定的设计者为特定的时空任务拟定或选取的，与当前时空任务中的使用者意图常常不完全一致，可变性较差。人的意向性与空间无关，只与时间延展性有关，而机的形式化系统常常与时空都有关。找到一种可产生意向性的形式化手段是通往人机智能有效融合的关键，目前的数学、物理手段还不能承担这个重任，因为这只是智能——这个复杂性问题的两个方面。

意识是一种对隐显关系的梳理，有时表现为直觉。人的直觉是同化、顺应之间的自由转换，能够灵活自如地进行不完全归纳和弹性演绎，更重要的是，这一切都是由内而外的自主行为。直觉经验本质上是一种感性，一种自动意识性关联和得意忘形。直觉是把存在性、可能性、意向性、潜在性勾兑显化的一种方式，也是把零碎、散化的数据信息知识非常逻辑表征，其中的黏合剂就是情感（机器所不具备的能力）一种独特的智能——情智，直觉本质上就是通情达理，能够隐约看见许多通过理性逻辑看不到的关系、联系，从而把许多平时风马牛不相及的属性、成分（包括主观臆想客观存在）关联在一起，形成某种意向性的可能存在。而机器更适合于分类聚类，利用人类部分可以描述化、程序化的形式语言实现强监督学习、构建认知模型、辅助决策等。当前，人机之间的理解与学习都是单向性的，好消息是，智能领域已经逐渐开始出现了双向性的苗头，人机之间开始理解一些以前认为不含理解成分的对象和事物，慢慢把人的主动性与机的被动性有效地混合起来。人处理其擅长的包含"应该"（should）等价值取向的主观信息，机器则计算其拿手的涉及"是"（being）等规则概率统计的客观数据，进而把"休谟问题"变成了一个可执行、可操作的程序性问题，也是把客观数据与主观信息统一起来的新机制，即需要意向性价值的时候由人来处理，需要形式化（数字化）事实的时候由机器来分担，从而产生了一种"人＋机＞人、人＋机＞机"的效果。

相比人工智能，我们更愿意谈人机融合智能，也许人工智能更偏应用和技术，谈人机融合智能则可以更基础一些。另外，需要注意的是，人机融合智能本身不仅仅是科学问题，还涉及其他学科，如人文艺术、哲学，甚至还有宗教神学。另外，智能不是人类独有的能力，还关涉其他生命体，如动物、植物等，那么，究竟什么是智能呢？美国第一届心理学协会会长威廉·詹姆斯（William James）说的一句话或许可见一斑："智慧是一种忽略的艺术。"

　　在人工智能的发展问题上，单纯的计算很难有大的突破，"认知＋计算"可能是智能的未来。如果把认知比作美女，将计算视作野兽，那么未来的智能科学就是美女与野兽，而数据则是美女牵着野兽的缰绳。要把这样的机遇变成现实，就需要与目前人工智能研究方向不同的新的研究课题，比如需要探索认知科学对于人类与动物如何学习与推理的研究，将其与计算科学结合，整合成最终能以人类的方式工作的系统。"being"与"should"的狭义结合就是数据与知识、结构与功能、感知与推理、直觉与逻辑、联结与符号、属性与关系的结合，也是未来智能体系的发展趋势……其广义结合是意向性与形式化、"美女"与"野兽"的结合。人工智能的"美女派"主要抓关系产生的关系，"野兽派"主要抓属性产生的关系。临界，是一种介于有序和无序之间的状态，是工作效率最大化的一种表现形式。人机融合智能就是要寻找到这种平衡状态，让人的无序与机的有序、人的有序与机的无序相得益彰，达到安全、高效、敏捷的结果。人是集多智能于一体的一多智能体。好的人机融合应该具有彼此间的带入感，根据不同的态势，进行提前的相互感知诱导和意图引领。

　　既然我们很多时候无从得知因果之间的关系，只能得知某些事物总是会联结在一起，那么，我们有什么理由从对个别事例的观察中引出普遍性的结论呢？想象力、创造力是感性与理性的界面，也许人机智能的融合可以实现一定程度上主客观、感性与理性的相互适应性融合吧！

第四章
三分天下：人、机、环境

　　人类进行包括人工智能在内的各项研究，发明各种工具的最终目的始终是服务于自身。人类处在环境之中受其影响，改变环境的需求又催生了工具。从使用工具开始，人类社会的发展史就成为一部人、机、环境三大要素相互关联、相互影响的发展史。作为一个重要的工具，人工智能起源并发展于人类在人-机-环境系统中的需求，同时也依赖于人-机-环境系统发挥作用。

在人与机器交互的过程中，不仅涉及人与机之间的关系，也涉及它们与环境之间的关系。讨论完人机关系的未来之后，我们需要对人、机、环境之间的关系进行再次思考。

人工智能是人类发展到一定阶段而必然产生的一门学科，既包括人，也包括机和环境两部分，所以也可以说成是人-机-环境系统交互方面的一种学问，同样"有一个漫长的过去，但只有短暂的历史"。其起源于文艺复兴时期，在第一、第二次工业革命浪潮中逐渐拉开序幕。法国人布莱士·帕斯卡尔（Blaise Pascal）研制了第一台现代意义上的数字计算机，第一、第二次世界大战大大加快了该学科发展的进程，剑桥大学巴贝奇的差分机和图灵机的测试进一步把人工智能领域的研究范围扩展到了人类学习、生活、工作的方方面面。截至目前，研究人工智能的学科不但包括生理、心理、物理、数理、地理等自然科学技术领域的知识，而且应涉及哲理、伦理、法理、艺理、教理等人文艺术宗教领域的道理。

"深蓝"证明了在有限的时空里"计算"可以战胜"算计"，进而论证了现代人工智能的基石条件（假设）：物理符号系统具有产生智能行为的充分必要条件是成立的。更有意思的是，2011年2月17日，一台以美国商业机器公司创始人托马斯·沃森名字命名的电脑在智力问答比赛中打败两位聪明的美国人而夺得冠军，2016年"阿尔法狗"又战胜围棋世界冠军李世石，从而引发了人工智能将如何改变人类社会生活形态的话题。

一、人工智能：人、机、环境的产物

当前制约机器人科技发展的瓶颈是人工智能，人工智能研究的难点是对认知的解释与建构，而认知研究的关键问题则是自主和情感等意识现象的破解。生命认知中没有任何问题比弄清楚意识的本质更具挑战性，或者说更引人入胜。这个领域是科学、哲学、人文艺术、神学等领域的交集。意识的变化莫测与主观随意等特点有时严重偏离了科学技术的逻辑实证与感觉经验验证判断，既然与科学技术体系相距较远，自然就不会得到相应的认同与支持了，顺理成章，理应如此吧！然而，最近科技界一系列的前沿研究正悄悄地改变着这个局面：研究飘忽不定的意识固然不符合科技的尺度，那么在"意识"前面加上"情境"（或"情景"）二字呢？人在大时空环境下的意识是不确定的，但"格物致知"一下，在小尺度时空情境下的意识应该有迹可循吧！自古以来，人们就知道"天时地利人和"的小尺度时空情境对态势感知及意识的影响，只是直至1988年，才出现了明确用现代的科学手段实现情境（或情景）意识的研究，即米卡·安德斯雷提出的态势感知概念框架。但这只是个定性分析概念模型，其机理分析与定量计算还远远没有完善。

在真实的人-机-环境系统交互领域中，人的情景意识、机器的物理情景意识、环境的地理情景意识等往往同构于统一时空中（人的五种感知也应是并行的），人注意的切换使之对于人而言发生着不同的主题与背景感受/体验。在人的行为环境与机的物理环境、地理环境相互作用过程中，人的情景意识被视为一个开放的系统，是一个整体，其行为特征并非由人的元素单独决定，而是取决于人-机-环境系统整体的内在特征，人的情景意识及其行为只不过是这个整体过程中的一部分罢了。另外，人机环境中许多个闭环系统常常是并行或嵌套的，并且在特定情境下这些闭环系统的不同反馈环节信息又往往交叉融合在一起，起着或兴奋或抑制的作用，不但有类似宗教情感类的柔性反馈，不妨称之为软调节反馈，人常常会延迟控制不同情感的释放；也存在着类似法律强制类的刚性反馈，不妨称之为硬调节反馈，常规意义上的自动控制反馈大都属于这类反馈。如何快速化繁为简、化虚为实是衡量一个人机系统稳定性、有效性、可靠性大小的主要标志，是用数学方法的快速搜索比对还是运筹学的优化修剪计算，这是一个值得人工智能领域深究的问题。

人-机-环境交互系统往往由有意志、有目的和有学习能力的人的活动构成，涉及变量众多，关系复杂，贯穿着人的主观因素和自觉目的，所以其中的主客体界限常常模糊，具有个别性、人为性、异质性、不确定性、价值与事实的统一性、主客相关性等特点，其中充满了复杂的随机因素的作用，不具备重复性。另外，人-机-环境交互系统有关机（装备）、环境（自然）研究活动中的主客体则界限分明，具有较强的实证性、自在性、同质性、确定性、价值中立性、客观性等特点。在西方国家，无论是在古代、中世纪还是在现代，哲学宗教早已不单纯是意识形态，而是逐渐成为各个阶级中的强大政治力量，其影响不断渗透到社会生活的各个领域，更有甚者，把哲学、政治、法律等上层建筑都置于宗教控制之下。总之，以上诸多主客观元素的影响导致了人-机-环境交互系统的异常复杂和不确定性。所以，对人-机-环境交互系统的研究不应仅仅包含科学的范式，如实验、理论、模拟、大数据，还应涉及人文艺术的多种方法，如直观、揣测、思辨、风格、图像、情境等，在许多情况下还应与哲学宗教的多种进路相关联，如现象、具身、分析、理解与信仰等。

　　在充满变数的人-机-环境交互系统中，存在的逻辑不是主客观的必然性和确定性，而是与各种可能性保持互动的同步性，是一种得"意"忘"形"的见招拆招和随机应变能力。这种思维和能力可能更适合人类的各种复杂艺术过程。对此种种，恰恰是人工智能所欠缺的地方。

二、人机之间的不同之处

　　在自然语言中，句子意思根本不充分决定所说的内容，其根本原因在于真实参照系与虚拟参照系发生了错位，如见面问对方"您吃了吗？"，其实包含着今天的早餐、午餐、晚餐背景，并且在中国这常常是一句问候语，不需要你回答吃的什么，是怎样吃的，吃的感觉如何，等等。人与人交流时，这一切都在意会（虚拟）参照系中，人和机交流时，常常失去了这些默会的参照系统，使得交互信息的流动、流量、流向产生了失速、紊乱、变向。面对歧义、悖论，人与人之间一般会调动默会虚拟参照系统一，而人机之间则没有形成这种机制，进而就造成了矛盾的对立，还常常不可调和。人的意识是由虚拟和真实参照系共同作用的结果。这也是机器不能产生意识的主要原因——没有虚拟参照系，抑或是机器的虚拟参照系统很弱。客观而言，语义就是一种人们之间使用有意义元素组成的约定，潜意识里的约定俗成比语法更为跨界、灵活，而且人们目前对它的规律还未形成有效的规则认知，于是它便成了复杂性事物。需要强调的是，人机的真实、虚拟这两个参照系不单纯是平行的，还可以是交叉融合的，但以何方式、何时间、何内容等进行，还需要进一步的研究。

人与机器在语言及信息的处理差异方面，主要体现为能否把表面上无关之事物相关在一起的能力。尽管大数据时代可能会有所变化，但对机器而言，抽象表征的提炼亦即基于规则条件及概率统计的决策方式，与基于情感感动及顿悟冥想的判断（人类特有的）机理之间的鸿沟依然存在。

三、人工智能与哲学

人类文明实际上是一个认知的体现，无论是最早的美索不达米亚文明还是四大文明之后以西方为代表的现代科技力量，其原力起点都可以落实到认知这个领域上。历史学家认为，以古希腊文化为驱动力的现代西方文明来源于古巴比伦和古埃及，其本质反应的是人与物（客观对象）之间的关系；而古印度所表征的文明中常常蕴含着人与神之间的信念；古代中国文明的核心之道理反映的是人与人、人与环境之间的沟通交流。纵观这些人、机（物）、环境之间系统交互的过程，认知数据的产生、流通、处理、变异、卷曲、放大、衰减、消逝无时无刻不在进行着的……

有人说人工智能是哲学问题。这句话有一定的道理，因为"我们是否能在计算机上完整地实现人类智能"这个命题是一个哲学问题。康德认为哲学需要回答三个问题：我能知道什么？我应该做什么？我可以期待什么？分别对应着认识、道德、信仰。哲学不是要追究"什么是什么"，而是追求为什么"是"和如何"是"的问题。自从2013年10月回国后，笔者就一直在思考人机交互的本质问题，偶然间与朋友交谈时谈及"共在"（being together）一词，顿感很是恰当。试想，当今乃至可见的未来，人机之间的关系应该不是取代而是共存的时代：相互按力分配、取长补短、共同进步，相互激发唤醒，有科有幻，有情有义，相得益彰……非常巧合的是，自 2014 年以来，机器学习、互联网、机器人、人工智能等领域的发展也相当迅速，"深度学习""类脑计算""情景感知"一时间成了关键词，成了时髦语，但细细品来，其核心实质都不过是解释与建构的问题。

其实哲学与科学、宗教一样，都是一个人为了能够获得理解而必须相信（除非你相信你不应当理解）的过程，这不是盲从，而是一种先信仰后理解的先验。比如，在科学中，物理学研究世界是什么样的（解释世界），计算机（数学）研究如何造一个世界（建构世界），这两者之间若没有信任、信仰等先于理解而存在，恐怕是难以坚持进行下去的，毕竟在伸手不见五指的黑夜中，人是很难自行产生前行动力的（如一个没有利润的环境常常少见商人身影一般）。而信仰是一种赞同的思考，常常是一种非理性的冲动情感，通过非理性而达到理性（通情达理），这不能不说是一个有趣的悖论，或许，这同时也是无中生有的禅理（以情化理）吧！

在艾萨克·牛顿之前担任剑桥大学卢卡逊教席（the Lucasian Chair）的神学家、古典学家和数学家艾萨克·巴罗（Isaac Barrow）宣称，"信仰的固有对象是……某个命题"，这可以扩展到"某个命题系统"，比如在"真宗教中所讲授的所有命题"这一特定情形中。至于对一个人的信任（fiducia），实际上可以归结为赞同（assensus）有关这个人的命题："信任一个人或物只是一个简短的表达，（比喻性地）意指确信与那个人有关的某个命题为真。"用现代分析宗教哲学家的话来说，"信仰"（belief in）就等同于"相信……"（belief that）。

神学家爱德华·斯蒂林弗利特（Edward Stillingfleet）宣称，信仰是"心灵的一种理性的和推理的行为……是对证据的赞同，或促使心灵赞同的理由"。洛克和他都认为，应把信仰理解为"对命题予以赞同"，就宗教信仰而言，应当理解为"基于最高理性的赞同"。

有时候，世界是确定的，不确定的是我们自己，面对相同的文字、音乐、视频等情境事物，我们常常会随心情的不同而产生不同的觉察和理解，境随心转。有时候，世界是不确定的，确定的反而是我们自己，面对不同的文字、音乐、视频等情境事物，我们却能够处变不变而产生恒定表征，形成概念，心随境转。不管怎样，世界包括我们自己是由易、不易、简易、迁易、无易、有易、一易、多易等诸多演化过程构成的，在这些纷繁复杂的变化中，都需要一种或多种参考框架体系协调其中的各种矛盾、悖论，而若追溯这些框架体系的起源，应该就是人、机、环境之间的交互作用。或许，最好的智慧／智能真的就隐藏在这些交互中的自相矛盾之中，若果真如此，那又该如何破译呢？

哲学意义上的"我"也许就是人类研究的坐标原点或出发点，"我是谁""我从哪里来""要到那里去"这些问题也许就是人工智能研究的关键瓶颈。

四、通向强人工智能之路

人工智能，尤其未来的强人工智能很可能是一种集科学技术、人文艺术、哲学宗教为一体的"有机化合物"，是各种"有限理性"与"有限感性"相互叠加和往返激荡的结果，而不仅仅是科学意义上的自然秩序之原理。它既包含了像科学技术那样只服从理性本身而不屈从于任何权威的确定性知识（答案）的东西，又包含着诸如人文艺术以及哲学、宗教等一些迄今仍为确定性的知识所不能肯定事物的思考。它不但关注着人-机-环境系统中的大数据挖掘，对涉及"蝴蝶效应"的临界小数据也极为敏感；它不但涉及计算、感知和认知等客观过程，而且对算计、动机与猜测等主观过程颇为青睐；它不但与系统论、控制论和信息论"老三论"相关，更与耗散结构论、协同论、突变论"新三论"相连。它是整体与局部之间开环、闭环、自上而下、自下而上交叉融合的过程，是通过无关-弱相关-相关-强相关及其逆过程的混关联变换。

通过研究，我们是这样看待人工智能技术问题的：首先，人工智能过程不是被动地对环境的响应，而是一种主动行为，人工智能系统在环境信息的刺激下，通过采集、过滤，改变态势分析策略，从动态的信息流中抽取不变性，在人机环境交互作用下产生近乎知觉的操作或控制；其次，人工智能技术中的计算是动态的、非线性的（同认知技术计算相似），通常不需要一次将所有的问题都计算清楚，而是对所需要的信息加以计算；最后，人工智能技术中的计算应该是自适应的，人机系统的特性应该随着与外界的交互而变化。因此，人工智能技术中的计算应该是外界环境、机器和人的认知感知器共同作用的结果，三者缺一不可。

研究基于人类行为特征的人工智能系统技术，即研究在不确定性动态环境中组织的感知及反应能力，对于社会系统中重大事变（战争、自然灾害、金融危机等）的应急指挥和组织系统、复杂工业系统中的故障快速处理、系统重构与修复、复杂环境中仿人机器人的设计与制造等问题的解决都有着重要的参考价值。

鉴于研究人工智能系统涉及面较广，极易产生非线性、随机性、不确定性等系统特征，导致系统建模研究时常面临着较大困难，在之前的研究中，多种有价值的理论模型被提出并用于描述表征、学习、理解、自主、预测等系统行为。但这些模型在对人工智能的实质及影响因素方面考虑得还不够全面，也缺乏对模型可用性的实验验证，所以本章重点就是针对人–机–环境系统的实质、人工智能的影响因素这两个关键问题进行探讨，追根溯源，以期早日实现高效、安全、宜人、可靠的强人工智能系统。

第五章
探索人与机的"爱恨情仇"

人类文明是一个人类对世界和自己不断认知的过程。随着时代的发展，人和物之间的关系也在不断改变，就像是人和机器之间的关系，随着人工智能的发展渐渐进入一个新的时代。在智能时代，我们和人工智能的交互方式究竟会有怎样的未来，值得我们不断地进行探索。

人与机的关系在不断地融合，科学家们在努力构建人机融合智能这种能够利用两方面优势的智能体。在智能时代，不仅人、机、环境的关系在不断变化，人机交互的方式也在不断地发生变化。就像人与人之间的爱恨情仇一样，人们不断地完善之前的人机交互模式，又不断地推翻以前的交互方式，建立起更加符合认知和技术发展要求的新模式。如何将人工智能融入人机交互的方方面面，如何让人机交互方式更加适应智能的发展，如何在人机交互中让智能发展出自主和情感，我们需要不懈地探索。

一、现代人与机

人机交互的研究始于第二次世界大战时期，当时主要研究因为各种不合理的设计导致的飞机故障，开始主要应用于航空航天领域，后来逐渐扩展到社会经济的方方面面。人机交互中有一个比较热点的领域——态势感知，其概念由曾任美国空军首席科学家的女科学家米卡·安德斯雷提出。态势感知或情景意识的提出，对整个人机交互领域产生了巨大的影响。米卡·安德斯雷对态势感知的定义是，在一定的时间和空间内，对环境中的各组成成分，进行感知、理解，进而预测这些成分的随后变化状况。可以看出，在整个人类的发展过程中，智能科学是一个交叉学科，涉及心理学、计算机科学、神经科学、哲学、语言学等，这些学科构成一个完整的学科体系，可以总称为认知科学。

当前人-机-环境系统工程发展迅猛，它是研究在人、装备和环境系统之间实现最优匹配的一个领域，涉及信息的输入、处理、输出、控制、反馈。人-机-环境系统的整体设计及其优化等方面的研究，是为了实现整个系统高效、安全、健康、和谐、敏捷地运转等。

当前在这一领域的研究中出现了很多分支，如人机交互、普适计算、情感计算等，并产生了很多相应的关键技术，如多模感知、上下文感知、情感智能、环境智能、认知智能、多模界面、感性界面，这些技术用来实现一个最基本的目标，即自然的人机交互。在自然的人机交互中非常重要的一点是数据。所有智能的产生与刺激都和数据密切相关：刺激就是人感知到的外部的映射；数据是机器接触到的外部的输入，通过两者产生相应的融合、理解，进而进行相应的反应和规划。

数据空间对计算机起着非常重要的作用，研究数据的多指向性是当前人机领域的一个难点和瓶颈。同时数据的多指向性，是人机相互区别的一个最重要的方面，人可以理解一个数据的多指向、多含义；机器则不然，机器有规范和规则，只能从一个角度来看待这个数据。

当前人工智能的发展有三大主要标志："深蓝""沃森""阿尔法狗"，这三个系统都和数据有关，都是在处理过去的大量的数据、规则、规划。但是这三个顶级的系统都有一个很重要的问题，或者说是一个瓶颈问题，就是它只能"得形忘意"，而不能"得意忘形"。真正的人的智能需要临机决策，而不是像计算机及当前弱人工智能按照套路去运算。

二、人与机的学说：人机工程

1. 何为人机工程学

人机工程学是研究人–机–环境系统中人、机、环境三大要素之间的关系，是为解决系统中人的效能、健康问题提供理论与方法的科学。

人机工程学是研究在设计人机系统时如何加入人的特性和能力，以及人如何受机器、作业和环境条件的限制。除此之外，人机工程学还研究人的训练、人机系统的设计和开发，以及同人机系统有关的生物学或医学问题。对于这些研究，在美国有人称之为人类工程学（human engineering）、人因工程学（human factors engineering）；在欧洲有人称之为人类工程学（ergonomics）、生物工艺学、工程心理学、应用实验心理学、人体状态学等；日本称之为人间工学；我国目前除使用上述名称外，亦有工效学、宜人学、人体工程学、人机学、运行工程学、机构设备利用学、人机控制学等叫法。人体工程不同的命名已经充分体现了该学科是"人体科学"与"工程技术"的结合。

实际上，这一学科就是人体科学、环境科学不断向工程科学渗透和交叉的产物，是以人体科学中的人类学、生物学、心理学、卫生学、解剖学、生物力学、人体测量学等为"一肢"，以环境科学中的环境保护学、环境医学、环境卫生学、环境心理学、环境监测技术等学科为"另一肢"，而以技术科学中的工业设计、工业经济、系统工程、交通工程、企业管理等学科为"躯干"，形象地构成本学科的体系。从人机工程学的构成体系来看，其就是一门综合性的边缘学科，其研究的领域是多方面的，大致包括电话、电传、计算机控制台、数据处理系统、高速公路信号、汽车、航空、航海、现代化医院、环境保护、教育、互联网等，人机工程学甚至可用于大规模社会系统，因此可以说，人机工程学与国民经济的各个部门都有密切的关系。

2. 人机工程学的国内外发展情况

人机工程技术是 21 世纪信息领域需要解决的重大课题。美国面向 21 世纪的信息技术行动计划中的基础研究内容包括 4 项：软件、人机交互、网络、高性能计算机。其中，人机交互技术在信息技术中被列为是与软件技术和计算机技术等并列的六项国家关键技术之一，并被认为是"对于计算机工业有着突出的重要性，对其他工业也很重要"的一项技术。美国国防部的关键技术计划不仅把人机交互列为软件技术发展的重要内容之一，而且专门添加了与软件技术并列的人机界面。日本也提出了 FPIEND 21 计划（Future Personalized Information Environment Development），其目标就是要开发 21 世纪个性化的信息环境。我国从"十五"规划到"十三五"规划等各大科技计划均将人机交互列为重要内容。

在中国，人机工程学的研究从 20 世纪 30 年代开始，就有少量和零星的工作开展，但系统和深入地开展则是在"文化大革命"以后。1980 年 4 月，全国人类工效学标准化技术委员会成立，统一规划、研究和审议全国有关人类工效学的基础标准的制定。1984 年，国防科学技术工业委员会成立了国家军用人-机-环境系统工程标准化技术委员会。这两个技术委员会的建立，有力地推动了人机工程学研究的发展。此后在 1989 年又成立了中国人类工效学学会，继而在 1995

年 9 月创刊了学会会刊《人类工效学》季刊。20 世纪 90 年代初，北京航空航天大学首先建立了我国该专业的第一个博士学科点，随后南京航空航天大学、西北工业大学、北京理工大学、北京大学医学部等也建立了相应的专业点。进入 21 世纪以来，随着我国科技和经济的发展，人们对工作条件、生活品质的要求逐步提高，对产品的用户体验及人机工程特性也日益重视。也正是由于这种新的需求取向，一些企业把"以人为本""人体工学"的设计作为其产品的卖点。

3. 当前人机工程技术研究的发展趋势

（1）人机界面技术研究

在人机工程学中，人机界面是一个重要的研究分支，是指人机间相互施加影响的区域，凡是参与人机信息交流的一切领域都属于人机界面。可将设计界面定义为设计中所面对、分析的一切信息交互的总和，反映着人–物之间的关系。

广义的人机界面是指在人机系统模型中，人与机之间存在一个相互作用的"面"，称为人–机界面，人与机之间的信息交流和控制活动都发生在人机界面上。机器的各种显示都"作用"于人，实现机–人信息传递；人通过视觉、听觉等感官接受来自机器的信息，经过脑的加工、决策，作出反应，实现人–机的信息传递。人机界面的设计直接关系人机关系的合理性。研究人机界面主要针对两个问题，即显示和控制。

狭义的人机界面是指计算机系统中的人机界面（human-computer interface）。人机界面又称人机接口、用户界面（user interface）、人机交互（human-computer interaction），是计算机科学中最年轻的分支科学之一。它是计算机科学和认知心理学两大科学相结合的产物，同时吸收了语言学、人机工程学和社会学等科学的研究成果。通过 30 余年的发展，已经成为一门以研究用户及其与计算机的关系为特征的主要学科之一。尤其是 20 世纪 80 年代以来，随着软件工程学的迅速发展和新一代计算机技术研究的推动，人机界面设计和开发已成为国际计算机界最为活跃的研究方向。随着计算机技术、网络技术的发展，人机界面学的发展将会朝着以下几个方向发展。

第一，高科技化。信息技术的革命，带来了计算机业的巨大变革。计算机越来越趋向平面化、超薄型化；便捷式、袖珍型电脑的应用，大大改变了办公模式；输入方式已经由单一的键盘、鼠标输入，朝着多通道输入化发展，追踪球、触摸屏、光笔、语音输入等竞相登场；多媒体技术、虚拟现实及强有力的视觉工作站提供真实、动态的影像和刺激灵感的用户界面，在计算机系统中，各显其能，产品的造型设计更加丰富多彩，变化纷呈。

第二，自然化。早期的人机界面很简单，人机对话都是机器语言。由于硬件技术的发展以及计算机图形学、软件工程、人工智能、窗口系统等软件技术的进步，图形用户界面（graphic user interface）、直观操作（direct manipulation）、"所见即所得"（what you see is what you get），以及虚拟现实、增强现实等交互原理和方法相继产生并得到了广泛应用，取代了旧有"键入命令"式的操作方式，推动人机界面自然化向前迈进了一大步。然而，人们不仅仅满足于通过屏幕显示或打印输出信息，而是进一步要求能够通过视觉、听觉、嗅觉、触觉以及形体、手势或口令，更自然地"进入"环境空间中去，形成人机直接对话，从而取得身临其境的体验。

第三，人性化。现代设计的风格已经从功能主义逐步走向了多元化和人性化。今天的消费者纷纷要求表现自我意识、个人风格和审美情趣，反映在设计上亦使产品越来越丰富、细化，体现出一种人情味和个性。一方面，要求产品功能齐全、高效，适于人操作使用；另一方面，要求满足人们的审美和认知精神需要。现代电脑设计已经摆脱了旧有的四方壳纯机器味的"淡漠"，尖锐的棱角变得圆滑，单一的米色不再一统天下；机器更加紧凑、完美，被赋予了人的感情；软界面中颜色、图标的使用，屏幕布局的条理性，软件操作间的连贯性和共通性，都充分考虑了人的因素，使之操作更简单、友好。目前，人机交互正朝着从精确向模糊、从单通道向多通道以及从二维交互向三维交互的转变，发展用户与计算机之间快捷、低耗的多通道界面。

第四，和谐的人机环境。今后计算机应能听、能看、能说，而且应能"善解人意"，即理解和适应人的情绪或心情。未来计算机的发展是以人为中心，必须使计算机易用好用，使人通过语言、文字、图像、手势、表情等自然方式与计算机打交道。

国外一些大公司（如国际商业机器公司、微软）等在中国国内建立的研究院大多以人机接口为主要研究任务之一，尤其是在汉语语音、汉字识别等方面，如汉语识别与自然语言理解、虚拟现实技术、文字识别、手势识别、表情识别等。我们应该在人机交互方式技术竞争中，特别是在人机界面的优化设计、视觉-目标拾取认知技术等方面取得主动权。

（2）视觉-目标拾取认知技术研究

眼睛是心灵的窗户，通过这个窗口我们可以了解人的许多心理活动。人类的信息加工在很大程度上依赖于视觉，来自外界的信息有80%～90%是通过人的眼睛获得的。眼球运动即眼动的各种模式一直与人的心理变化相关，对于眼动的研究被认为是视觉信息加工研究中最有效的手段，吸引了神经科学、心理学、工效学、计算机科学、临床医学、运动学等领域专家的普遍兴趣，其研究成果在工业、军事、商业等领域得到广泛应用。

在视觉-目标拾取认知技术科学研究中最重要的两个问题就是人对信息流的获取（输入）和信息流的控制（输出）。据研究，人对外部信息流的获取有80%是通过视觉获得的，由于视觉的重要性，有关视觉-眼动系统的研究始终是科学界关注的问题之一，其中有关人眼的搜索机制早就引起了神经病学家、眼科学家、生理学家、解剖学家以及工程师们的极大兴趣。特别是近年来，世界各国对视觉-眼动系统的研究越来越多，美国国家航空航天局（NASA）、哈佛大学、麻省理工学院、剑桥大学、牛津大学等著名科研机构或大学都设有专门的视觉-眼动系统研究部门。而人对外部信息流的控制主要是通过手、脚、口等效应器官进行的，其中研究人的目标拾取运动这一基本、重要的作业运动形式，可以为人机界面系统的设计、评估、操作提供量化的理论依据和理论指导。因此，该研究具有很好的工程应用价值，并一直是工效学、心理学、生理学等学科的研究热点。近年来，随着计算机及人机界面技术的发展，眼动仪在人机界面设计领域受到高度重视。美国空军最早在新的人机交互设计中运用视觉追踪技术，最初的主要目的是要把视觉追踪用于战斗机座舱的设计。这一领域的深入研究表明，视觉追踪技术不但可以用于战斗机座舱的设计，还可以运用视觉追踪技术，把人眼作为计算机的一种输入工具，形成视觉输入人机界面。另外，有研究机构将眼动测量用于对虚拟现实的研究，有效地解决了大的视场和高精度的图像显示之间的矛盾。随着高性能摄像机的出现和图像处理技术的发展，眼动仪将朝着高精度、高实用性和低成本的方向发展。

由于人是人-机-环境系统的主体，因此，只有深刻认识人在系统中的作业特性，才能研制出最大限度地发挥人及人机系统的整体能力的优质高效系统。人的目标拾取运动作为人的一种输出形式，具有速度-精确度的折中关系，即目标拾取运动的完成时间与命中目标的精确度成反比。这种特性广泛存在于人的各种输出和其他控制系统中。所以，如何建立人的目标拾取运动过程中实用、精确的速度-精确度折中关系理论模型就成了研究的主要任务。

4. 人机工程与人因工程之异同

人机工程学和人因工程学二者可能是两个独立的学科领域，连词"和"就能支持这样的解释。如果人机工程学和人因工程学是同义的，那为什么不使用一个名称？几年前，在美国，这个领域中的专业组织决定将其名称中加入"人机工程学"。他们还决定添加连词"和"而非用破折号或斜线将名称分离，因为破折号或斜线这种形式更经常地被使用来暗示同义。

许多专业人士（虽然不是每个人）认为术语"人机工程学"和"人因工程学"是同义的。对于一些人来说，人机工程学涉及生理，而人因工程学涉及感知和认知。人机工程学由研究人与人之间和其周围工作环境（环境的定义很广泛，包括机器、工具、周围的环境、任务等）之间的相互作用演变而来。人因工程学的使用主要集中在北美，它被从事一些"脑力活动"心理过程工作（研究、教学、实验）的人所使用。世界的其余大多数人却更多地将人机工程学这个术语用于描述"脑力活动"和"体力活动"的总活动，在生物力学领域和物理场所设计领域中更强调后者。在美国，术语"人机工程学"通常被用来暗示"颈部以下"的体力活动，随着术语"人机工程学"被越来越多地使用，它的名称已趋于一致。

人机工程学（ergonomics）中的"ergo"是指工作，因此这个领域的范围可以被视为限于此前缀。如何定义"工作"是至关重要的，很多人可能会将"工作"限定为与就业相关的活动，这将不会包括休闲活动领域。但是，"工作"可以解释得很广泛，因为它涉及一般的为完成一个目标而物理能源损耗的过程。因此，其中人类大多数的活动（及他们的身体进程）可以被合理地认为是在工作，因此，ergo 与工作相联系起来了。通过进行高频术语分析，发现人因工程学和人机工程学（HF/E）涉及了安全、高效的人机系统的研究和生产的工程设计中的应用。使用相同的分析方法，登普西（Dempsey）等人于2000 年提出了以下的定义：人机工程学是"以提高人体机能为目的的人机系统的设计和工程"。

2000 年 8 月，国际人类工程学协会执行理事会通过了人因工程学的定义："人因工程学是与人类和一个系统的其他元素相互理解有关的科学学科，是一个应用理论、原则、数据和方法来设计达到优化人类福祉和整体系统性能的学科。"虽然其定义是相当冗长的，但它传达了许多与人机工程学领域的不同想法。

技术是一个塑造人类行为、功能强大的单一力量。很多时候，关于是谁使用它或受它影响，技术是"盲目"的。一个人数相对较小但处于增长的专业人士群在寻求一种扩大的技术系统与用户之间的协调。随着技术变得复杂，在专业人士群得到一种协同的关系需要更大的努力。未来几年内，这种努力对于获得真正的技术进步将是一种至关重要的途径。为了更有效地实现其目标，这个领域需要一个清晰、简洁、明确和实用的词来形容我们的努力。我们猜想，伴随着身体和认知能力的修饰，人机工程学能扮演好它的角色。

在现代人机系统中，作业人员是在特定环境中操作和管理复杂系统与各种数字化设备，当人在这种环境中工作时，既要靠眼睛来观察环境，又要靠细致的注视来完成精确的控制动作。通过人机工程技术分析，就可以知道人在操作时如何分配注意力、体力，同时了解仪表、屏幕以及外视景如何设计和合理分配才能获得最好的人机交互，才能既减轻操作人员的工作负荷又避免出错，还能切实提高人机工效。这对于计算机系统、自动化控制、交通运输、工业设计、军事领域以及社会系统中的重大事变（战争、自然灾害、金融危机等）的应急指挥和组织系统、复杂工业系统中的故障快速处理、系统重构与修复、复杂环境中仿人机器人的设计与制造等问题的解决都有着重要的参考价值。

三、自主才能造就真正的人工智能

未来的人机交互及人工智能系统有明确的发展方向，包含四个方面：主动的推荐、自主的学习、自然的进化、自身的免疫。在这四个方面，自主是非常重要的一个概念。

美军的"深绿"智能指挥系统的目的是借鉴"深蓝"系统的思想，将其映射到军事指挥和控制领域。它通过指挥员助手、水晶球和闪电战三个模块，整合出当前的和过去的战场态势，以及实时有效的指挥员辅助决策。这个系统中最重要的是自主性和主动推荐。自主和主动是人工智能或智能科学中一个很重要的研究热点和难点。

自主应该包括以下四个方面：第一，自主应具有记忆的功能，而不是存储，记忆是灵活的，能够通过相关无关的事物产生直觉，而存储则无法出现直觉，它只是符合逻辑的东西。第二，自主应具有选择性。选择性是单向性的，即 A 选择 B。第三，自主应具有匹配性。匹配和选择最大的区别就是匹配是双向性的，A 可以选择 B，B 也可以选择 A。第四，自主应可以控制。没有控制和反馈，自主就很难建立起来。

未来的人机交互及人工智能系统，至少是人-机-环境系统的自主耦合，形成了一个认知智能。认知的意思就是信息的流动过程，包括输入、处理、输出和反馈。

人工智能的重要发展方向是人机混合智能。强人工智能、通用人工智能及类人人工智能，这些方向实现还相对较遥远，当前发展更好的是人机混合智能。人机混合智能就是研究如何在人、机及环境系统之间实现最优的智能匹配，人的智能加上机器的智能，涉及人-机-环境系统的整体设计及其优化等方面的研究，研究的目的包括可靠性、高效性和舒适性等几个方面。它主要涉及两个基本问题，即人的意向性和机器的形式化问题。意向性就是意识的指向。机器难以处理涉及灵活、可改变的，甚至带有矛盾性的事物，但是机器的长处在于它不疲劳、擅计算，并且能够准确、及时地处理形式化、符号化的东西，而这是人所不擅长的。所以，如何把机器的长处和人的这种优点充分地结合在一起，是一个很重要的命题，也是人机混合智能的一个命脉。意向性、意识是整个智能科学的瓶颈，可以看出，意识就是一种感知，这是情境感知。还有一种是非情境的感知，能够穿越时空，这是人的意识，机器则不然。对于意识，著名心理学先驱、美国第一届心理学协会会长威廉·詹姆斯曾说过，智慧是一种忽略的艺术，人知道怎么忽略一些不重要的事物，而把精力聚焦到一些重要的关键之处，特征之上；而机器则不然，它只擅长处理大数据，而不擅长处理小数据。

《孙子兵法》有云："知己知彼，百战不殆。"知己知彼不可分，不知彼就不能知己，任何事物本身不能解释自己，只有从其他参照物处才能感知、理解、发现、说明、定义自己。己和彼是一个相对的概念，它们相互对立又相互依存，"己"是自身，是相对于外部的"彼"而存在的，若没有外部参照，就不可能不知彼而知己。"不知彼而知己，一胜一负"，没有辩证地看待"己"和"彼"之间的关系，进而可以认为：自我是不存在的——没有环境和参照物，自己解释不了自己，如同我的概念定义为"我就是我"一样，再进一步，自我意识也可能是不存在的，它也是交互的产物，只不过可以穿越时空逻辑关系罢了。从根本上说，所有的自主系统都是不由自主，只不过显隐程度不同而已。

当前人造的机器或人工的智能有存在但没有自我。自我诞生于对自身存在的经常性的交互、组织和产生。产生不出主动性的交互和组织，就不是自主，就没有自我，没有自我，就不可能出现感己与感彼、知己与知彼，感性就联系不上理性，客观就不能形成主观，事实就不能衍生出价值。由上不难得出，不知彼而知己的结果就是随机了。

"自我"的产生是意识最重要的一个基础，实际上，自我的概念就是建立了一个坐标系，"自我"即坐标系的原点，人类都是以自我为原点度量周围世界与事物的。意识的出现往往会造成"无中生有""有中生无"。无中生有，往往是只有外界的刺激所产生的数据形成数值，数值不但包括客观的数量，而且形成了主观的赋值。比如说"1"，它既是一个单纯的客观的数值，也是对自我有特殊意义的一个数，如一杯茶，一条毛巾，其中有很多主观的情感化的赋予。接着，需要提取有价值的东西，即信息。信息就是有价值的数值或者数据，从信息中可以获取知识，从知识中可以提炼逻辑，也就是从 0 到 1、从 1 到 n 的过程，正应了中国古代道教所说的：道生一、一生二、二生三、三生万物，它的整个过程就是无中生有的过程。有中生无，就是指逻辑产生意向，从意向性导出意识，就是觉察觉知，从意识里边，沉淀出潜意识，从潜意识升华为无意识的过程，也就是从 n 到 1、从 1 到 0 的一个过程，万物归三、三归二、二归一、一归道之历程。

四、不再是没有情感的机器

情感是人类智能的重要组成部分，是穿越理性的一把利器，然而，情感计算这一方向能否可行？如同形式化常识一样能否实现？这些问题都值得深思和探索。

大约半个世纪前，美国心理学家、"认知心理学之父"奈瑟尔（Neisser Ulrich）描述了人类思维的三个基本和相互联系的特征，这些特征在计算机程序中也明显存在着：第一，人类的思维总是随着成长和发展过程积累，并且能对该过程产生积极作用；第二，人的思想开始于情绪和情感的永远不会完全消失的密切关系中；第三，几乎所有的人类活动，包括思维，在同一时间的动机具有多样性而不是单一的。赫伯特·西蒙表达了相似的观点。尽管情绪和情感是人类日常生活中的基本组成部分，但缺乏情感交互的技术是令人沮丧的，它在技术层面实现自然的人机交互仍是一个亟须解决的问题。目前，情感计算越来越受到研究者的重视。类似研究，有人工情感（artificial emotion，AE）、感性工学（kansei engineering，KE）、情感神经学（affective neuroscience）等。明斯基在他的著作和论文中强调了情感方面，涉及情感神经科学、情感心理学等方面。IEEE Transaction on Affective Computing（TAC）跨学科国际化期刊、Affective Computing and Intelligent Interaction（ACII）学术会议等学术支持鼓励研究者们对识别、诠释、模拟人类情绪和相关情感方面的研究的突破和创新。

1. 情感及情感计算

"情感"（emotion）一词源于希腊文"pathos"，最早用来表达人们对悲剧的感伤之情。达尔文认为，情感源于自然，存活于身体中，它是热烈的、非理性的冲动和直觉，遵循生物学的法则。理智则源于文明，存活于心理。《心理学大辞典》中对"情感"一词的定义是，"情感是人对客观事物是否满足自己的需要而产生的态度体验"。马文·明斯基认为情感是思维的一部分。史蒂芬·平克也持有这样的观点，即"情感是被当作非适应的包袱而被过早地注销的另一部分心智"。达马西奥（Damasio）在他的神经生物学的研究结果的基础上将情感分为至少两类，即原发性情感和继发性情感。原发性情感被认为是与生俱来的，被理解为一岁儿童情感这种典型的情感类型；继发性情感被假设为从更高的认知过程中产生。而拉塞尔（Russell）则从两个方面构造情感：核心情感和心理建构，前者表示神经系统的状态，如昏昏欲睡；后者表示行动，如面部表情、音调，以及行动之间的关联。由于情感的复杂性，研究情感的相关学者对情感的定义至今也未达成一致，记载的相关理论就有 150 多种。

而"emotion"一词由前缀"e"和动词"move"结合演变而来，直观含义是从一个地方移动到另一个地方，后来逐渐被引申为扰动、活动，直到近代心理学确立之后，才最终被威廉·詹姆斯用来表述个人精神状态所发生的一系列变动过程。皮卡德（Picard）曾在其书中对情感和情绪方面的术语专门进行了区分，她认为，相对于情感而言，情绪表示一个比较长的情感状态。情感影响我们的态度、情绪和其他感觉、认知功能、行为以及心理。同时，情感容易在多次情绪体验的基础上实现，当人们多次觉得完成一项任务很高兴时，就会爱上这个任务。相比情绪而言，情感更具有深刻性和稳定性。在自然语言处理中，米里安（Myriam）等人结合《韦氏大词典》以及他们的相关研究得出的结论是，在语言中情感是无意识的，并且很难对其下定义，从文本中可以检测到的是有意识的情感，是情绪表征。而情绪这一复杂心理学现象几乎不能从文本中全部检测出，能检测到的是情绪的构成因素。许多关于情感计算的研究并没有完全区分情绪和情感（包括本文引用的大部分论文），为与情感计算研究领域保持一致，本文除在此处对情感和情绪进行区别说明外，尽可能地统一使用"情感"一词。

情感计算最早起源于美国麻省理工学院媒体实验室皮卡德了解理查德·西托威克（Richard Cytowic）的一本关于联觉的书《尝出形状味道的人》（*The Man Who Tasted Shapes*）。西托威克在该书中提出感知一定程度上由大脑边缘系统处理，这个部分处理注意、记忆和情感。1995 年，情感计算的概念由皮卡德提出，并于 1997 年正式出版《情感计算》（*Affective Computing*）。在该书中，她指出"情感计算就是针对人类的外在表现，能够进行测量和分析，并能对情感施加影响的计算"，开辟了计算机科学的新领域，其思想是使计算机拥有情感，能够像人一样识别和表达情感，从而使人机交互更自然。

当然，与众多的科学研究领域一样，并不是所有的研究者都同意皮卡德的想法。支持者借鉴现象学并且把情感看作人与人、人与机互动中的成分。情感互动方法认为，应从一个对情感具有建设性的、人文决定性的视角展开，而非从认知和生物学这一更传统的角度出发，这种方法将重点放在使人们获得可以反映情感的体验并以某种方式来修改他们的反应。

2. 情感复杂性的探究

（1）外在复杂性的探讨

相比手势、步伐、声音等其他情感表征，面部表情是最容易控制的。面部表情是人脸上不同情绪的反应，实际上表达情绪时是脸部、眼睛或皮肤肌肉位置的变化。对情感最容易理解的是坦率的面部表情，然而不同国家的人面部表情各不相同。相对于其他国家，亚洲人的面部表情强度比较低。因为在亚洲文化中，脸上表现出一些特殊情绪是不礼貌的，展现出消极情绪会影响社会的和谐。这也印证了早期埃克曼证明了文化的最大不同在于如何在公共场合表达情绪。他偷偷拍摄了美国留学生和日本学生观看一次原始成年人礼的可怕画面的表情。如果穿白大褂的实验人员对他们进行集体访谈，日本学生会在看到令美国学生吓得往后退缩的场景时仍礼貌地面带微笑。当被试们单独待在房间里时，美国学生与日本留学生的面部表情都是同样恐惧的。对于外在复杂性，研究者采用的方法多为多模态结合、额外信息叠加，以及结合与时代同步的科技产品方法等来提高识别率。

博德里（Beaudry）、奥利维亚（Olivia）等人设计实验澄清了六种基本情感识别中眼睛（眉毛）和嘴巴区域的作用，并得出结论：对于所有的情绪，面部表情识别过程不能被简化为简单的特征或整体处理。新加坡国立大学电气工程系的 Gu W 等人利用人类视觉皮质（HVC）和径向编码来提高性能，并提出混合面部表情识别框架。此面部表情的识别框架也可以应用到体态识别，并且可以从图像中提取出一些额外的信息，如用户的年龄、性别。

但是人与人之间的情感交互是复杂的，单一的感官得到的数据是模糊的、不确定的、不完备的。因此，研究人员应用多种方式识别情感状态，20 世纪 90 年代最初的方式是融合视觉（面部表情）和音频（音频信号）的数据，多种方式整合提高识别精度，使情感计算相关研究更可靠、更有效。陈等人尝试用身体姿势和面部表情识别混合模型，基于澳大利亚悉尼科技大学的人脸和身体姿势（FABO）双模数据库，实验中选择了 284 个视频，这些视频包含基本的表达（嫌恶、害怕、高兴、惊讶、悲伤、生气）和非基本的表达（焦虑、无聊、困惑、不确定）。实验框架主要分为五部分：面部特征提取和表示、身体姿态特征提取和表示、表达时间分割、时间归一化、表达分类。

身体姿势交流同面部表情都属于非语言交流的方式。越来越多不同学科的研究已经表明，在传达情感方面，身体的表达像面部表情一样强大。例如，情感计算通过提取人体手势的特征来识别用户的情绪。同时，随着虚拟现实技术的发展，人机交互中肢体的参与度也逐渐增大，身体姿势不仅控制我们和游戏之间的互动，还会影响我们自己的情绪。在"蓝眼睛"（Blue Eyes）技术中，"蓝"代表实现可靠的无线通信的蓝牙，"眼睛"即通过观察眼睛运动使我们获得更多有趣和重要的信息。"蓝眼睛"技术主要用于视觉注意监测、生理状态监测（脉搏率、血氧）、操作者的位置检测（站立、卧、坐）。在这项技术中，通过检测人的表情，捕获表情图像，并且提取显示具有眼睛的部分，实现识别检测的作用。

（2）内在复杂性的探讨

文本句子中的每一个形容词、动词或者仅仅是一个字，都可以表达情感状态。笔记分析技术不仅可以通过书写者的情感输出分析笔记特征，如基线、倾斜、笔压、大小、边缘区，还可以揭示书写者的健康问题、道德问题、过去的经历、精神问题以及隐藏的才能。索菲亚尼等人发现，笔记分析在某种程度上可以帮助我们理解书写者本人的行为、动机、欲望、恐惧、情感投入等多方面。史伟等通过构建情感模糊本体、计算文本影响力等，对微博公众情感进行一系列分析，发现公众对于突发事件的情感表达与政府对于事件的处理方式和手段有密切关系。使用任何文字表达情感是受文化影响的，文化在情感文本表达中的作用这一问题需要自然语言研究者们创造更强大的检测算法。

戴维森（Davidson）在 2002 年提出，情感体验并不是简单地发生在我们的头脑中，我们的整个身体都在感知着它们。例如，我们血液中激素的变化，传达到肌肉的神经信号紧张或放松，血液流到身体的不同部位，改变了身体的姿势、动作和面部表情。我们身体的反应也会反馈到我们的大脑中，创造了可以反过来调节我们思维的经验，这也会反馈到我们的身体上。随着科技的发展，许多数据可以从互联网和智能手机上获得。人们的上网活动一般包括搜索查询、浏览网页、广告选择和电子商务等。而用户在网络中创建的数据，如电子邮件、短信、博客等内容都可以进行分析。一个典型的智能手机包含多个传感器，如加速度计、环境光、陀螺、手势、磁强计、温度计、湿度计和气压计等。乔格（Jorge）等研究人员通过捕获包括输入和输出呼叫频率、持续时间和联系人的详细信息等智能手机的活动，分析患者的行为变化。卡韦赫·巴赫蒂亚里（Kaveh Bakhtiyari）等人认为，在处理面部表情、人的声音或人的姿势时，有些权衡识别精度和实时性能的方法，像自然语言处理（NLP）和脑电图信号（EEG）这些方法在实际应用中缺乏效率和可用性，因此提出了使用方便和低成本的输入设备，包括键盘、鼠标（触摸板、单触摸）和触屏显示器。该系统通过人工神经网络（ANN）、支持向量机（SVM）技术开发和训练监督模式。结果表明，与现有方法相比，该方法通过 SVM 增长 6% 的准确度（93.20%），对于情感识别、用户建模和情感智能都起到了突出作用。

3. 情感计算的最新应用探究

近几年，研究者们尝试了各种各样的方法和技术来识别用户的情感，一些主要的方法和技术包括：面部表情识别、姿态识别、自然语言处理、人体生理信号识别、多模情感识别、语音识别。人机情感交互则包括人脸表情交互、语音情感交互、肢体行为情感交互、文本信息情感交互、情感仿生代理、多模情感交互。情感仿生代理使计算机增强表现力和亲和力，情感智能系统可以根据人的情感进行回馈，并且使人和计算机的交互更加自然。

全世界许多实验室都在积极地对情感计算相关技术进行研究，本部分总结了近三年来国内外情感计算的主要应用研究。2014 年，麻省理工学院实验室通过安置在机器，比如汽车上的硬件设备（如相机等），结合基于程序语言的语音识别应用、可穿戴设备（对当前情绪进行实时调节），尤其是面部识别算法，获取一系列情绪指标，弥补获取生理信号类的传感器的不足，探索情感感知与机器连接的潜力。情感分析公司使用计算机视觉和深度学习技术分析面部（微）表情或网络上视觉内容中非语言的线索，基于积累的庞大数据存储库，学习识别更复杂的系统，将情感人工智能引入新的科技领域，尤其是机器人、医疗、教育和娱乐，并展望将此系统用于通过检测癫痫病患者的情感信号来做好发病前的预测以进行防护准备等。2015 年，阅面科技（ReadSense）推出了情感认知引擎——ReadFace，由云（利用数学模型和大数据来理解情感）和端（SDK）共同组成，嵌入任何具有摄像头的设备来感知并识别表情，输出人类基本的表情运动单元、情感颗粒和人的认知状态，广泛应用于互动游戏智能机器人（或智能硬件）、视频广告效果分析、智能汽车、人工情感陪伴等。哈尔滨工业大学机器人技术与系统国家重点实验室研发了语音情感交互系统，提出了智能情感机器人进行情感交互的框架，设计实现了智能服务机器人的情感交互系统。北京航空航天大学基于特征参数的语音情感识别，能有效识别语音情感。中国科学技术大学基于特权信息的情感识别，提出了融合用户脑电信号和视频内容的情感视频标注方法，以及以某一模态特征为特权信息的情感识别和视频情感标注方法。清华信息科学与技术国家实验室、中国科学院心理研究所行为科学重点实验室基于生理大数据的情绪识别研究进展，针对使用 DEAP 数据库（用音乐视频诱发情绪并采集脑电及外周生理信号的公开数据库）进行情绪识别的 16 篇文章做了梳理，对特征提取、数据标准化、降维、情绪分类、交叉检验等方法做了详细的解释和比较。

4.情感计算的深度探究

现在已实现的情感计算大部分原型情感的识别来源单一。数据库本身存在短板，如训练分类的样本数少，体态识别大多依赖于一组有限的肢体表达（跳舞、手势、步态等），只关注内部效度而缺少外部效度的认可。因此，在识别方面，未来研究应在情感分类方面继续努力，创建新的数据库，特别是婴幼儿及儿童数据库的建立。

在神经科学方面，人类大脑情感过程的神经解剖学基础极其复杂且远未被理解，因此，该领域还不能为开发情感计算模型提供充足的理论基础。

在人机交互或人与人交互过程中，人的情感变化是变速的。虽然皮卡德在《情感计算》一书中分别用两个比喻将情感复合分成两类：

微波炉加热食物时开关间断循环与冷热水混合。两者通过不同的方式使物体达到"温"的状态，前者类似于"爱恨交加"中的情感状态；后者类似于拉塞尔等人的环形情感模型中的愉快与低强度结合为轻松这种新状态。但基于不同情境的情感复合远不止这两类。以动态的数字平台将这种做成模型很难实现和验证，因为情感的输入、输出应该在不同的情境下产生和测试。

目前，国外已经有一部分研究者开始关注深度情感计算方面的研究，如阿尤什·沙玛等人利用语言数据联盟（linguistic data consortium，LDC）中的情绪韵律的语音和文本，基于交叉验证和引导的韵律特征，提取与分类的深层情感识别。随着后续情感方面的深度研究，多模型认知和生理指标相结合、动态完备数据库的建立以及高科技智能产品的加入等，将成为情感计算相关研究的一个趋势，从而更好地实现对用户行为进行预测、反馈和调制，实现更自然的人机交互。

五、游戏中的人工智能

如何找到一种可产生意向性的形式化手段是通往人机有效融合的关键，目前的数学、物理手段还不具备完全承担这个重任的能力，因为这仅是智能——这个复杂性系统问题的两个方面而已。

继 2013 年论文 *Playing Atari with Deep Reinforcement Learning* 发表以后，Google DeepMind 的"阿尔法狗"在围棋上的人工智能突破又一次震惊了世界。其实，从 1950 年香农教授提出为计算机象棋博弈编写程序开始，游戏人工智能就是人工智能技术研究的前沿，被誉为人工智能界的"果蝇"，推动着人工智能技术的发展。接下来，就为大家介绍一下游戏人工智能。

1.概念

如果我们知道了什么是人工智能，游戏人工智能的含义也就不言而喻了。人工智能作为一门交叉学科和科学前沿，至今尚无统一的定义，但不同学科背景的学者对人工智能做了不同的解释：符号主义学派认为人工智能源于数理逻辑，通过计算机的符号操作来模拟人类的认知过程，从而建立起基于知识的人工智能系统，其主要代表成果是风靡一时的专家系统；联结主义学派认为人工智能源于仿生学，特别是人脑模型的研究，通过神经网络的联结机制和学习算法，建立起基于人脑的人工智能系统，其主要的代表成果是风头正劲的深度学习；行为主义学派认为智能取决于感知和行动，通过智能体与外界环境的交互和适应，建立基于"感知-行为"的人工智能系统，其主要代表成果是独树一帜的强化学习。其实这三个学派分别从思维过程、脑结构、身体三个方面对人工智能做了阐述，目标都是创造出一个可以像人类一样具有智慧、能够自适应环境的智能体。理解了人工智能的内涵以后，我们应该如何衡量和评价一个智能体是否达到人类智能水平呢？目前有两个公认的界定：图灵测试和中文屋子，一旦某个智能体能够达到这两个标准，那么，我们就认为它具备了人类智能。

而游戏人工智能是人工智能在游戏中的应用和实践。通过分析游戏场景变化，玩家输入获得环境态势的理解，进而控制游戏中各种活动对象的行为逻辑，并做出合理的决策，使它们表现得像人类一样智能，旨在提高游戏娱乐性、挑战智能极限。游戏人工智能是结果导向的，最关注决策环节，可以看作从"状态（输入）"到"行为（输出）"的映射，只要游戏能够根据输入给出一个看似智能的输出，那么，我们就认为此游戏是智能的，而不在乎其智能是怎么实现的（whatever works）。那么，怎么衡量游戏人工智能的水平呢？目前还没有公认的评价方法，而且游戏人工智能并不是特别关心智能体是否表现得像人类一样，而是更加关心游戏人工智能的智能极限——能否战胜人类的领域专家，如"沃森"在智能问答方面战胜了问答节目《危险边缘》（Jeopardy!）超级明星肯·詹宁斯（Ken Jennings）和布莱德·拉蒂（Brad Rutter）；"阿尔法狗"在围棋上战胜了欧洲围棋冠军樊麾、世界围棋冠军李世石。

2. 游戏机理

（1）人类的游戏机理

游戏对我们来说并不陌生，无论是小时候的"小霸王"学习机还是五子棋、象棋等各种棋类游戏，都是童年的美好回忆，但人类玩游戏的整个过程是什么样的呢？

　　具体过程如图5-1所示：首先，玩家的眼睛捕捉显示屏上的游戏画面，并在视网膜上形成影像；然后经过视觉神经传至V1区，并提取线条、拐点等初级视觉信息；初级视觉信息经过V2区传至V4区，并进一步提取颜色、形状、色对比等中级视觉信息；中级视觉信息经过大脑PIT区传至AIT区，进而提取描述、面、对象等高级视觉信息并传至PFC区；在PFC区进行类别判断，并根据已有的知识制定决策，然后在PMC区的动机的促发下产生行为指令并传至响应器官（手）；响应器官执行操作；至此，玩家的游戏机制已经完成。计算机在接收到玩家的输入（键盘、鼠标等）以后，根据游戏的内部逻辑更新游戏状态，并发送至输出设备（显示屏、音箱等）展示给用户，自此，计算机游戏环境更新完成。然后，玩家展开下一次游戏机理，并循环直至游戏结束或玩家放弃游戏。

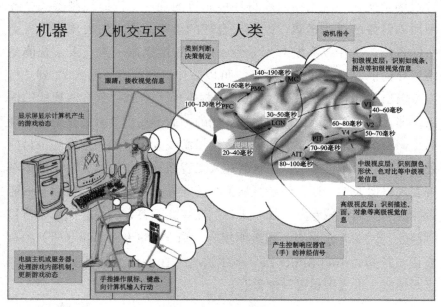

图5-1　人类的游戏机理

（2）计算机的游戏机理

　　游戏人工智能旨在创造一种熟练操作游戏的智能体，而想要让机器玩好游戏，我们就需要了解"它"玩游戏的机理，这样才能更好地改进它。

计算机的游戏机理如图 5-2 所示：首先通过某种方式（读取视频流、游戏记录等）获得环境的原始数据，然后经过去重、去噪、修正等技术对数据进行预处理，并提取低级语义信息；经过降维、特征表示（人工或计算机自动提取），形成高级语义信息；再通过传统机器学习方法进行模式识别，进一步理解数据的意义；最后结合先前的经验（数据挖掘，或人工提取，或自学习产生的领域知识库）决策生成行动方案，进而执行行动改变环境，并进行新一轮的迭代。在每次迭代的过程中，智能体还可以学习新的经验和教训，进而进化成更加智能的个体。

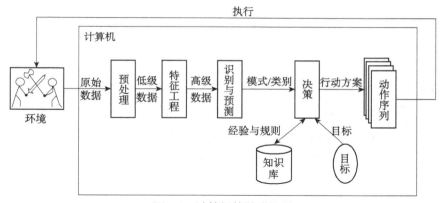

图 5-2　计算机的游戏机理

（3）游戏的一般性机理

从人类和计算机的游戏机理，我们可以总结出游戏玩家的一般性机理，如图 5-3 所示：可以将游戏玩家看作一个态势感知过程，接收原始数据作为输入，输出动作序列。其中，在内部进行态势觉察产生低级语义、态势理解形成高级认知、态势预测估计将来的态势，并根据未来态势进行游戏的威胁评估，再根据已有的经验和规则，在目标和动机的驱动下产生行动方案，从而指导游戏向更有利于玩家的方向进行，最后进入下一个循环序列。

游戏的一般性机理还可以看作从一个"状态"到"动作"的映

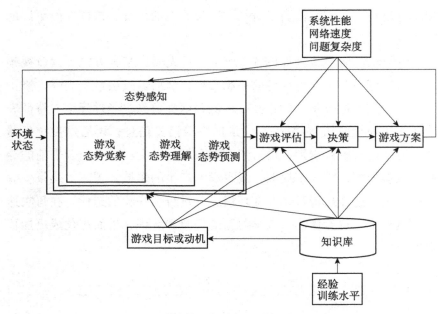

图 5-3   游戏的一般性机理（据 Endsley）

射，游戏的环境状态、玩家的目标是自变量，玩家的操作是因变量，而映射关系正是游戏一般机理的核心部分。它可以通过如神经网络这种技术来对自变量进行特征提取和表征，也可以直接使用自变量，利用公式计算获得输出值，进而映射到相应的动作。

3. 里程碑

自香农发表计算机象棋博弈编写程序的方案以来，游戏人工智能已经走过了 70 多个春秋，无数的科学家贡献了自己的才华和岁月，所取得的成果更是数不胜数，本文罗列了游戏人工智能的重大里程碑，意在帮助读者把握游戏人工智能的研究现状，为今后的研究方向提供启示，具体如表 5-1 所示。

表 5-1   游戏人工智能里程碑表

年份	名称	作者	描述及意义
1950	计算机象棋博弈编写程序的方案	克劳德·艾尔伍德·香农	机器博弈的创始；奠定了计算机博弈的基础
1951	Turochamp	艾伦·麦席森·图灵	第一个博弈程序；使用了博弈树

续表

年份	名称	作者	描述及意义
1956	西洋跳棋	阿瑟·塞缪尔	第一个具有自学习能力的游戏; 使用了强化学习算法,仅需自我对战学习就能战胜康涅狄格州的西洋跳棋冠军
20世纪60年代	国际象棋弈棋程序	约翰·麦卡锡	第一次使用Alpha-beta剪枝的博弈树算法; 在相同计算资源和准确度的情况下,使得博弈树的搜索深度增加一倍
1980	吃豆人(Pac-man)	南梦宫公司	第一次使用了一系列的规则与动作序列及随机决策等技术
1990	围棋弈棋程序	艾布拉姆森	第一次将把蒙特卡罗方法应用于计算机国际象棋博弈的盘面评估
1996	Battlecruiser 3000AD	3000AD公司	第一次在商业游戏中使用神经网络
1996	Creature	NTFusion公司	第一次引入DNA概念、遗传算法
1997	"深蓝"(Deep Blue)	国际商业机器公司	第一个达到人类国际大师水平的计算机国际象棋程序;使用了剪枝的博弈树技术,以3.5∶2.5战胜世界棋王卡斯帕罗夫
2011	"沃森"(Watson)	国际商业机器公司	第一次在智能问答方面战胜人类;使用了Deep QA技术,战胜了《危险边缘》(*Jeopardy!*)超级明星肯·詹宁斯和布莱德·拉蒂
2013	玩"Atari 2600"的程序	DeepMind团队	第一个无须任何先验知识、自学习、可迁移的游戏引擎; 使用了CNN+Q-learning的DRN技术,输入为"原始视频"和"游戏反馈",无须任何人为设置,可从"零基础"成为7款"Atari 2600"游戏的专家
2016	"阿尔法狗"(AlphaGo)	Google DeepMind团队	第一个在全棋盘(19×19)无让子的情况下战胜人类专业棋手的围棋程序; 使用了SL(有监督学习)+RL(强化学习)+MCTS(蒙特卡罗树搜索)方法,战胜了欧洲围棋冠军樊麾

4. 游戏人工智能实现技术

(1)有限状态机

当你设法创造一个具有人类智能的生命体时,可能会感觉无从下手;一旦深入下去你会发现,只需要对你所看到的做出响应就可以了。有限状态机就是这样把游戏对象复杂的行为分解成"块"或状态进行处理的,其处理机制如图5-4所示:首先接收游戏环境的态势和玩家输入；然后提取低阶语义信息，根据每个状态的先决条件映射到响应状态；接着根据响应状态的产生式规则生成动作方案；最后执行响应动作序列并输入游戏，进入下一步循环。由图 5-4 和图 5-2 比较可知：有限状态机方法是计算机游戏机理的一种简单实现：根据规则人为将原始数据映射到"状态"完成"特征工程和识别"，根据产生式系统将"状态"映射到响应的动作完成"决策制定"，而对游戏态势理解、评估和游戏动机透明。

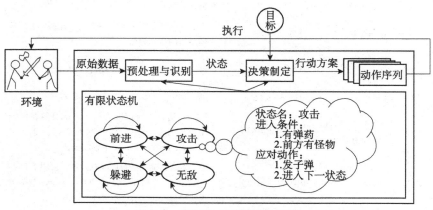

图 5-4　有限状态机的游戏机理

　　那么，理论层次上的"有限状态机"又是怎么描述的呢？有限状态机是表示有限个状态以及在这些状态之间转移和动作等行为的特殊有向图，可以通俗地解释为"一个有限状态机是一个设备，或是一个设备模型，具有有限数量的状态，它可以在任何给定的时间根据输入进行操作，使得从一个状态变换到另一个状态，或者是促使一个输出或者一种行为的发生。一个有限状态机在任何瞬间只能处在一种状态"。通过相应的不同游戏状态，并完成状态之间的相互转换，可以实现一个看似智能的游戏智能引擎，增加游戏的娱乐性和挑战性。

　　有限状态机固然简单易懂、容易实现，但是游戏状态的划分、响应动作的制定都直接依赖于人类的先验知识，并决定了游戏的智能水平。因为游戏处理的时间和空间复杂度随着游戏状态的增多而呈指数型增加，所以有限状态机只适用于状态较少的游戏；有限状态机还有一个致命缺陷，就是难以处理状态碰撞的情况。

（2）搜索

"人无远虑，必有近忧"，如果能够知晓未来的所有情况并进行评估，那么只需要筛选出最好的选择路径就可以完成决策。搜索在棋类游戏的智能实现中备受青睐，其中表现最优秀的是搜索树和蒙特卡罗搜索树。与游戏的一般性机理相比，搜索的游戏人工智能更关注的是预测和评估，而决策的制定只是挑选出预测的最好方式即可（图 5-5）。

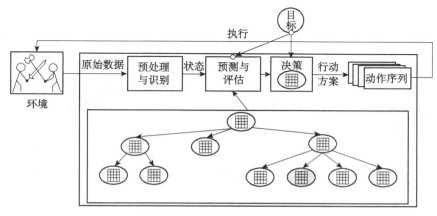

图 5-5　博弈树游戏机理

搜索的实现方式直观易懂，如果穷尽搜索，一定可以找到游戏的全局最优值，而且它适用于一切游戏智能实现。但是搜索成功的前提是准确的态势评估和搜索深度，而态势评估一般是专家制定的，即使是使用机器学习学得的评估函数依然很难客观衡量当前态势，搜索的时空复杂度更是随着搜索的深度而呈指数型增长。

（3）有监督学习

分类、拟合是有监督学习方法，也是实现游戏人工智能的重要方法，旨在在有标签的数据中挖掘出类别的分类特性。无论什么游戏，人类都是在不断的学习中才成为游戏高手的，棋类游戏更是需要学习前人经验并经过专门的训练才能有所成就。经过几千年的探索，人类积累了包括开局库、残局库、战术等不同的战法指导玩家游戏。与游戏的一般性机理相比，有监督学习更关注的是预处理、态势理解和态势预测，首先需要对数据进行去重、去噪、填充缺失值等预处理，然后分析数据并提取数据特征，再使用机器学习算法从数据中挖掘潜在信息并形成知识，实现对当前态势的直观描述或者态势到决策的映射（图 5-6）。Google DeepMind 的围棋程序"阿尔法狗"就使用了有监督学习训练策略网络，用以指导游戏决策；它的 SL 策略网络是从 KGS GO 服务器上的 30 000 000 棋局记录中使用随机梯度上升法训练的一个 13 层的神经网络，在测试集上达到 57.0% 的准确率，为围棋的下子策略提供了帮助。

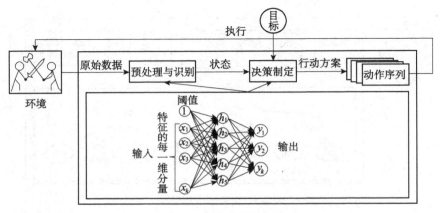

图 5-6　有监督学习机理

在无人工参与的情况下，有监督学习能够从数据中自主学习成为游戏高手，而且通过不同的有标签数据训练，同一模型无须改动或者做极小改动就可以适用于不同的游戏。但是，数据的质量和数量直接决定了有监督学习模型的性能，而且有监督模型一般存在欠拟合和过拟合的现象，有的算法还极易陷入局部最优解。除此之外，模型参数的选取也直接决定了智能体的智能水平。

（4）遗传算法

遗传算法是进化算法的一种，它模拟达尔文进化论的物竞天择原理，不断从种群中筛选最优个体，淘汰不良个体，使得系统不断自我改进。游戏的不同智能体通过遗传算法不断迭代进化，可以逐渐从不擅长游戏自主进化成为游戏高手，而无须依赖人类知识的参与。

在系统中，每个个体是一个游戏智能体（一种游戏智能的实现方式，能根据游戏输入产生决策输出），并通过某种映射转化为一串遗传信息，这串信息代表了我们所要优化游戏智能体的全部特征。如图5-7所示，与游戏的一般性机理对比，遗传算法更关注决策指定，旨在通过一定数量的游戏智能体（可能是随机生成的，也可能是人为指定的，也可能是机器学习学得的）自我进化出一个具有高超游戏水平的游戏智能体，从而实现游戏态势到应对方案的正确映射。遗传算法维持一个由一定数量个体组成的种群，每一轮都需要计算每个个体的适应度，然后根据适应度选出一定数量的存活的个体，同时淘汰掉剩余落后的个体。随后，幸存的个体将进行"繁殖"，填补因为淘汰机制造成的空缺，从而维持种群的大小。繁殖，就是不同个体组合自己本体的一部分形成新的副本。然而为了实现进化，必须要有模仿基因突变的机制。因此，在复制副本的时候也应当使得遗传信息产生微小的改变。选择-繁殖-突变这样的过程反复进行，就能实现种群的进化。

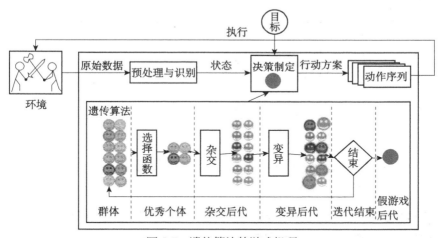

图5-7　遗传算法的游戏机理

遗传算法是一种与问题领域无关的自学习算法，可以在无人为参与的情况下实现游戏智能，而且遗传算法的可扩展性强，可以组合其他游戏智能实现技术获得更加智能的游戏个体。但是，遗传算法一般只能获得满意解，而不能获得最智能的游戏智能体；而且参数、适应性函数的确定需要不断尝试，否则会严重影响游戏个体的智能性；另外，遗传算法求解速度很慢，要得到游戏较智能的个体需要较多的训练时间。

（5）强化学习

一无所知的游戏智能体通过不断地与环境交互来改进自己，进而趋利避害，这就是强化学习。如图5-8所示，与游戏的一般性机理相比，强化学习更关注决策制定，它内部维护一个策略函数，通过对游戏态势做出决策从而获得反馈，并不断改进策略函数，使得针对环境态势、自身决策获得最大报酬值，让游戏结果向着有利于游戏智能体的方向发展，不断迭代这个过程就可以获得从态势到决策的最优映射。

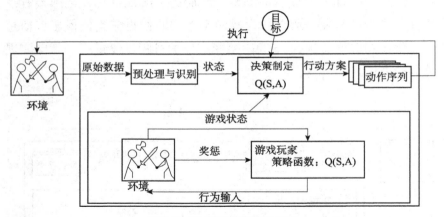

图 5-8　强化学习的游戏机理

强化学习有着坚实的数学基础，也有着成熟的算法，在机器人寻址、游戏智能、分析预测等领域有着很多应用；而且强化学习是一种与问题领域无关的自学习算法，可以在无任何人为参与的情况下实现游戏智能。但是，强化学习对于连续、高维的马氏决策问题将面临维数灾难，而且学习效率不高、在理论上的收敛性也难以保证。

（6）DRN

DRN 是 Google DeepMind 在 *Playing Atari with Deep Reinforcement Learning* 中结合深度学习和强化学习形成的神经网络算法，旨在无需任何人类知识，采用同一算法就可以在多款游戏上从不擅长游戏者变成游戏高手。与游戏智能的一般性机理相比，DRN 将整个处理流程集成于一个神经网络，自主实现逐层抽象，并生成决策方案。首先使用数据预处理方法，把 128 色的 210×160 的图像处理成灰度的 110×84 的图像，然后从中选出游戏画面重要的 84×84 的图像作为神经网络的输入；接着使用 CNN 自动进行特征提取和特征表示，作为 BP 神经网络的输入进行有监督学习，自动进行游戏策略的学习。

DRN 在 Atari 游戏上的应用证明了它的成功：击败了人类顶级玩家。但是，DRN 底层使用了 CNN 做特征提取，使得它更适用于以二维数据为输入的游戏。

（7）深度学习 + 强化学习 + 博弈树

Google Deep Mind 的 AlphaGo 使用值网络评价棋局形式，使用策略网络选择棋盘着法，使用蒙特卡罗树预测和前瞻棋局，试图冲破人类智能最后的堡垒。策略网络使用有监督学习训练 + 强化学习共同训练获得，而值网络仅使用强化学习训练获得，通过这两个网络结构总结人类经验，自主学习获得对棋局的认知；然后使用蒙特卡罗树将已经学得的知识应用于棋局进行预测和评估，从而制定着法的选择。

5. 即时游戏中的信息融合与既视现象

（1）即时游戏中的信息融合

信息融合（information fusion）起初被称为数据融合（data fusion），起源于 1973 年美国国防部资助开发的声呐信号处理系统，其概念在 20 世纪 70 年代就出现在一些文献中。20 世纪 90 年代，随着信息技术的广泛发展，具有更广义化概念的"信息融合"被提出来。在美国研发成功声呐信号处理系统之后，信息融合技术在军事应用中受到了越来越广泛的青睐。

后来，广义上认为信息融合是将几种不同的信息合成一体。直观上讲，信息融合是以不同的信息为前提，采用合成的手段，最后形成一个新的信息。需要注意，信息融合的结果对于最终决策起着至关重要的作用，这当然是以正确的信息融合为前提。

信息融合一直以来往往和传感器、军事技术结合在一起，而在即时游戏领域，信息融合并没有明确定义，本文的研究内容为即时游戏中的信息融合现象，对此，本文也对即时游戏中的信息融合下了一个定义：在即时游戏中，信息融合是指玩家在接收不同的游戏数据信息（比如血量、位置、时间、技能等）时，对信息进行融合，并对融合的信息做出决策。

　　玩家在对经历过的场景、突发情形、技能图标等信息形成一定记忆或反应习惯后，当类似的繁杂信息输入时，玩家对接收的信息进行认知，并产生一种似曾相识的感觉，同时玩家由于记忆程度、注意力状况不同，在对输入信息进行融合时会有认知差异以及反应差异，进而形成不同的信息融合结果，并对最终的决策和任务的完成产生不同的影响。这种游戏中产生的似曾相识的感觉也被称为游戏中的既视感。

　　（2）神秘的既视现象"似曾相识感"

　　既视现象又称既视感，就是未曾经历过的事情或场景仿佛在某时某地经历过的有似曾相识之感，目前关于"似曾相识"现象有一种解释差不多成为标准："对当前的、从未经历过的事物、场景产生的一种主观的熟悉感。"

　　例如，与朋友到一个你从未到过的餐厅吃饭，进门的瞬间，你突然有种恍惚感和强烈的似曾相识感：碗筷摆放的位置、周围陌生人的觥筹交错，甚至是餐馆的结构布局和暖黄的灯光，突然变得如此熟悉。此情此景，你好像早已经在某个时刻都经历过了，甚至连朋友接下来要说的话和坐姿你都能猜个八九不离十。这种"似曾相识"感，来去不受我们自己控制，经历的时候你会觉得神奇与讶异不已，以为自己具有了某种先知先觉的超能力。它来袭时，伴随着一种强烈的真切感和熟悉感，同时也让人感到神秘、诡异和困惑，因此，人们会用"第六感"等词汇来描绘它，甚至用一些诸如梦境、先知等神秘主义来解释这种现象。调查显示，有 2/3 的成人都曾遇到过"似曾相识"事件。有网友用"可遇不可求"来描述这种奇妙的感觉，"看到的时候完全分不清是现实还是梦境，整个人处在一种很'恍惚'的状态。"有一位网友这样描述他的戏剧性深刻印象："遇到某些场景时，总觉得似曾相识，好像在某个时候发生过，而且有的时候，当闻到一种气味，或者光线配合声音，变换到某个角度时，也会突然有这样的感觉，画面中说话人的声音、那熟悉的气味，仿佛自己早已经历过。"

截至目前，还是几乎没有太多可靠的方式在实验中触发"似曾相识"感，由于不管哪种"似曾相识"现象都不能为科学家的观察实验当场提供行为，所以，主流心理学家的研究始终难以顺利进行。与此同时，其他学科对该现象的兴趣却非常浓厚。

脑神经专家认为，大脑时刻在进行潜意识活动，虚构出各种情境，现实中遇到相似情景时，就会与虚构的记忆相呼应而产生幻象；医学工作者认为"似曾相识"是由记忆错误造成的，大脑中的记忆缓存区先暂存记忆，在存储时发生了错误，以为眼前事物就是历史记忆库中的，这样的错觉通常在大脑疲劳时产生。

一些物理学的解释更为有趣。以物理学的"时光倒流"来分析，人的控制神经传给记忆神经的速度大于光速后，四维空间发生暂时混乱，大脑反应传到记忆神经时，人就会感觉曾经发生过。基于爱因斯坦的相对论，高能物理学和其他边缘物理学家提出，灵魂是一种携带巨大能量的高能粒子，能够突破时间和空间的障碍，使记忆进行时空穿梭而让人产生似曾相识之感。时空交叉观点则是从爱因斯坦关于时空的观点出发，认为这个世界有许多平行的时空，每个时空都有自己的规律，一般不会交叉。当出现例外情况，即时空错乱时，如碰巧遇到与未来时空的交叉，就会很短暂地进入未来时空，在没有察觉的情况下，又很快回来。当人在现在的时空经历到未来的那个时段时，发觉场景与记忆储存一致，就产生了似曾相识之感。物理学家的假说给"似曾相识"现象提供了更广阔的空间，却给这一现象增添了更多神秘感和灵异成分。美国南卫理公会大学心理学教授阿兰·布朗表示："这个领域被许多科学无法解释的理论污染了，成为许多科学家不愿意触碰的棘手问题。"

（3）即时游戏中的既视现象

尽管在科学界，既视现象已经几乎成为一个禁区，研究现实中的既视感难度也确实十分大，但本文通过对北京邮电大学的部分即时游戏玩家进行访谈后，对即时游戏中的既视现象和现实中的既视现象做了一个对比，并肯定了本文对即时游戏中的既视现象进行研究的可行性，以下也将详细阐述。

在即时游戏领域，玩家，尤其是游戏经验丰富的玩家往往会发现这样的情况：当到过一个场景后，再去另外一个类似场景时，往往会觉得以前来过这个地方，甚至会顺着以往的记忆去某些区域。又或是当玩过某款游戏后，重新接触另外一款游戏，在面对某些突发状况（比如敌人来袭）时，会不自觉地按动某个键位，而这个键位也许正是之前那款游戏在对敌时需要按动的关键性键位。这一切的叙述，相信接触过即时游戏的玩家都会引起共鸣，而这正是即时游戏中的既视现象。

即时游戏中的既时感与现实中的既视感有相似又有不同：相似的是，它们都是对未曾经历的事情和场景产生的一种莫名的主观的熟悉感；不同的是，现实中的既视感产生并不是那么频繁，而且往往被认为是一种错觉，是一种预知性的、不真切的熟悉感，因为现实中的记忆繁杂，往往让人难以回忆起产生既视感的记忆来自何时何地，是哪个瞬间，所以现实中的既视感难以在实验室中模拟，是可遇而不可求的，这也因此成为科学界许多人不敢去触碰的禁区，蒙上了一层神秘的外纱。

而即时游戏中的即视感大多源于游戏经历，与现实的丰富多彩、变化万千不同，游戏产业的高速发展，带来了五花八门的各类即时游戏供玩家们选择，但对即时游戏做过深入探究的或是资深的游戏玩家，都不难感受到，不同的即时游戏之间其实也有诸多相似的因素，而很多即时游戏采用的是同样的游戏模式，可以说当接触过一款即时游戏后，你再接触一款即时游戏时，必然会发现有很多熟悉的地方。相似的体验必然会带来熟悉感，所以在即时游戏中，既视感的出现会比现实中频繁。而游戏记忆也并不会像现实记忆那么繁杂，玩家们在产生既视感时，甚至能回忆起是曾经的哪个或是哪些瞬间，让自己在此刻产生了这样的熟悉感，这样的既视感还能促使玩家通过回忆想出解决当前状况的办法，所以即时游戏中的既视感并没有那么神秘，而本文也将利用游戏中的相似之处，通过实验触发即时游戏中的既视感，并研究即时游戏中的既视现象。

（4）工业设计中的既视现象的运用

日本著名设计师深泽直人将既视感熟练地运用到新产品的设计中，唤起人们对新产品的熟悉感。他往往会抽取现存的人和物之间本就存在的关系，寻找一种关于物体共同拥有的记忆导入新设计中，简单来说，就是无意识设计（without thought）。

直观体现了"without thought"这个概念的示范性作品，正是深泽直人设计的 CD 播放器。第一次看到它，人们的大部分注意力就集中到这个拉线式开关上，在再简单不过的设计元素中，不需要提醒，直觉就会让你去拉动那条悬挂在空中的线，启动开关，音乐流泻而出，在下意识的动作中进而得到一个惊喜，谁能不为这个绝妙的设计所打动？这个早已熟悉的拉线动作，几乎是在无意识的状态下进行的，且时常出现在生活中，设计师只是将它放进设计中，赋予 CD 播放器一个"似曾相识"的新样式。

我们又可以这么理解：人往往会在无意识状态下对同一事物产生相同的反应，他们在观看同一物件时，总会自然地找出对它感到有共鸣的地方。如果设计师能从生活和环境的观察中，抓住这些能让人产生共鸣、让人不假思索就能自然理解的元素，并运用到设计中，这个产品自然会是一个好的设计。

而在即时游戏中，信息的输入、输出频繁且快速，玩家的意识活动更加强烈。适当在设计上巧妙运用既视感想必也能收到奇效。但在即时游戏中，既视感与哪些因素关系紧密？在设计时，又要如何把握这些因素让设计者能更好地在设计中把握既视感呢？这也引发了笔者的一系列思考。

（5）对即时游戏中既视感的猜想

基于对 CD 播放器的思考，我们认为既视感引导的是"without thought"无意识的行为，但引发既视感，需要意识参与吗？

在设计中加入一根拉线，我们会不自觉去拉，但如果摆在我们面前的是一个快门，一个开关……我们会怎样？此时，我们的注意力被分散了，我们的第一选择还是那根拉线吗？

　　所以在此，笔者大胆地做出了如下假设：注意作为意识活动中最不可缺的功能，是最早在心理学中提出的概念之一，虽然既视感引导的往往是无意识行为，但要产生既视感，首先要有注意这一意识行为，又由于即时游戏中的信息融合现象显著，使用户往往面临着诸多繁杂信息输入，并且要对各类信息进行融合，根据融合信息做出决策，所以用户在游戏过程中，势必会面临着注意力分配的问题。

　　所以，在正式实验中笔者将研究的内容之一就是，注意力强弱对既视感的影响。具体来说，就是研究如果在即时游戏中，用户是在注意力集中的情况下更容易产生既视现象，那么分别在注意力集中和分散的情况下进行实验，实验结果一定会出现显著差异。但如果既视现象属于不需要分配过多注意力的一种潜在记忆，只是稍稍一留神便可轻易触发，那么在注意力被分散的情况下，实验结果应该与注意力集中时相近。

　　同时，即时游戏中既视现象和记忆程度是否相关，将是笔者研究的第二个问题，关于这个问题，首先，在预实验对其论证，再在正式实验时进一步深化。对场景的记忆程度，是否会影响既视感的产生，这既是对近年来科学界普遍认为既视现象的产生与长时记忆有关的一个论证，也是对第一个研究内容的一个补充。在即时游戏中，是不是对场景的记忆程度越深，越容易产生既视现象？或者有可能对场景的记忆程度在注意力集中时对既视现象的产生影响不是很大，但当注意力不集中时，记忆程度将会对既视现象产生显著影响？

6. 游戏人工智能的复杂性

　　继图形和交互技术之后，人工智能成为游戏科技发展的瓶颈，人们不再单纯追求更真实、更美丽的画面，而是更人性、更智能的游戏伙伴（对手）。

　　计算机思考问题的过程其实就是数值计算的过程，游戏人工智能的实现需要坚实的数学理论。最好的浅层机器学习算法 SVM，其求解目标在于确定一个二分类的超平面，以最大化样本在特征空间上的间隔，其中涉及线性空间到高维空间的映射、KKT 最优化算法等。风头正劲的深度神经网络，无非就是在海量数据的基础上拟合出一个非常复杂的函数来实现特征学习、分类拟合，其中涉及卷积计算、蒙特卡罗方法、最优化求解等。在自主决策独树一帜的强化学习其实就是一个马尔科夫决策过程，通过不断迭代来不断更新内部的策略函数，最终实现自主决策，其中涉及随机过程、最优化求解等。简单而广泛使用的决策树，其分支依据有信息增益率、Gini 准则等，其中涉及信息论等。在高级的人工智能中，数学无处不在，也从根本上制约着人工智能的发展，它的每一次突破都能引发人工智能的新一轮热潮。

计算机思考问题的过程其实就是移位、与或非等计算的过程，所以任何人工智能算法的成功都依赖于大量的计算。震惊世界的 AlphaGo 最后一个版本共使用了 40 个搜索线程，48 个中央处理器（CPU）和 8 个图形处理器（GPU）；多台机器实现的分布式 AlphaGo 版本共使用了 40 个搜索线程，1202 个 CPU 和 176 个 GPU。谷歌大脑运用深度学习的研究成果，使用 1000 台电脑创造出包含 10 亿个连接的"神经网络"，使机器系统自动学会识别猫。海量数据的处理也使得并行计算框架 Hadoop、Spark 等在人工智能中变得炙手可热。

7. 游戏人工智能的社会影响

随着计算机硬件水平和软件技术的提升，我国的游戏产业迅猛发展，人工智能在游戏中的应用也更加广泛与完善，游戏的可玩性大幅增强，而游戏人工智能的发展也深受社会发展的影响，主要体现在以下四个方面。

（1）强游戏的人性化

随着社会老龄化程度的加深，空巢老人越来越多，这已经成为一个不容忽视的社会问题；城市中独生子女数量较多，父母工作繁忙致使他们平时缺少玩伴，而人性化的游戏智能可以起到陪伴、娱乐的作用，如果使用得当的话，还能寓教于乐。普通人在与计算机游戏对战时，并不希望自己面对的是一个冷冰冰的机器，而是有喜有忧、有血有肉的玩家，计算机的游戏水平也应该与玩家水平相近，既不能让玩家因无法胜利而沮丧，也不能让玩家容易取胜而感到无聊。所以在设计这种游戏智能时，除了高超的游戏水平之外，还要让游戏智能人性化，并调节自己的水平以适应玩家。

（2）挑战智能极限

近十年来，电子竞技在我国从一个被所有人误解的边缘化产业，逐步变成了一个成熟、庞大的新兴产业链条，电子竞技正在逐渐成长为一个不可忽视的庞大产业。其实自香农提出为计算机象棋博弈编写程序以来，追求更强、更智能游戏智能体的脚步就从未停止，战胜世界冠军李世石的"阿尔法狗"更是被认为突破了人类最后的堡垒。在设计这种游戏智能时，更关注的是提高游戏智能体的游戏水平，而不关注是否类人化，所以更像是不通世事的"书呆子"。

（3）不完全信息决策

棋类等大多数游戏通常是有限状态、有规则的完全信息条件下的博弈，而像军事等现实世界具有高维、动态、不确定性的特点，是无规则的不完全信息下的决策。所以，人们也十分关心如何将游戏智能迁移运用到现实世界中，其中 DeepMind 团队在战胜李世石后转战星际争霸，试图探索在状态更多、规则性更弱、信息不完全条件下的博弈；更有甚者，试图将 AlphaGo 技术应用到兵棋推演、军事空战决策中。

（4）自主学习

与"深蓝""沃森"不同，DeepMind 团队的研究成果除了高超的游戏技能外，还在于其自主学习的能力和可迁移的能力，这也是它能够大放异彩的原因。人们一直希望建立一种游戏智能框架：它无须任何人为参与就能在不同的游戏中通过自主学习成为游戏高手，其中 DeepMind 的 DRN 技术在无须人为参与、无须调整算法框架的情况下，只通过自主学习就能精通 7 种 Atari 2600 游戏，甚至在某些游戏中超过人类玩家。

8. 小结

与模糊人类和机器的边界不同，游戏人工智能更关注挑战智力极限，表征是游戏战胜人类最强者；与教导人类成为领域专家不同，游戏人工智能更关注培育自学习能力的智能体，表征是无经验自主学习。所以，当前最先进的两个游戏引擎均使用了深度学习和强化学习两方面的知识，旨在培育具有自学习能力的高智能个体。

　　当前大家最关注的莫过于 2016 年 3 月"阿尔法狗"与李世石的围棋之战。现在的 1：4 人机比分是否表示机器已经突破人类最后的堡垒？是否表示达到智能极限？游戏人工智能下一步的研究关注点又应该是什么？笔者认为，机器即使战胜李世石也没有达到人类智能的极限，与记忆和速算一样，搜索与前瞻的能力也不能代表人类智能，人类还有情感、有思想、能快速学习等，所以"阿尔法狗"战胜了李世石也只是在某个领域比人类更强而已。游戏人工智能不能使用图灵测试、中文屋子来衡量人工智能的程度，因为人类在游戏（特别是棋类游戏）上的智能并不突出，人脑的复杂度有限，并不能计算游戏的最优值，只是在能力范围内做出较优的决策。笔者认为"游戏人工智能的关注点应该是：同一游戏引擎作为双方对战，总是同一方（先手或后手）取胜，而且能够战胜人类最强者"。所以，即使"阿尔法狗"战胜李世石，但棋类智能仍有探索的空间：游戏决策的最优值。

　　本章探讨了人机交互和人工智能的起源和瓶颈问题，人工智能和智能科学的发展，包括三个基本阶段，第一个阶段是传统的人工智能，这个传统的人工智能已经有了游戏规则，其基本特质就是数学形式化的东西，加上在某一领域的展开。这其中还涉及一个自动化的问题，其实很多问题是自动化的问题，而不是人工智能的问题。自动化涉及的是结构化的数据处理，人工智能是非结构化的数据处理。第二个大的阶段是人-机-环境系统的交互领域，这个领域正在形成规则。这个规则主要体现在两个方面，即自动化的处理与弱人工智能。当前在这个领域，还要加上各个行业和各个研究的指向。第三个阶段就是未来的智慧化的强人工智能的信息系统领域，在这个领域，目前还没有游戏的规则，它主要体现在人的智慧加上未来的强人工智能，或一些通用的人工智能，还需要进行一些积极的探讨与多学科交叉研究。

第六章
人工智能：寓教有方

智能是人类知识产生的还是通过搜索和学习获得的？抑或是通过知识＋搜索＋学习获得的？智能主要表现在可能性的大小上而不仅是现实性上吗？

一、人机交互，灵活助教

在人工智能时代，各个领域都涌现出了许多与人工智能结合的应用，教育领域也不例外。教育工作者与科研人员在智能教育领域进行了许多积极的探索。智能教育的应用领域包括智能分析、智能校园、智能导师系统、智能测评、教育机器人等，涵盖教育中所涉及的诸多环节。在这些环节中，知识表示、自然语言处理、智能代理、情感计算、机器学习和深度学习技术等均可有充分的应用。智能教育中的智能主要体现在：对被教育人的状态、教育人的资源，以及学习的效果进行不断监控，以自动地进行教学或调整教学的计划和资源分配。实际上，就是教育过程的自主适应和个性化调控的部分，其中很大一部分应用场景可被归纳为自适应学习。

传统的学习系统对所有学生一视同仁，无视学生之间的个体差异；而更加自适应、个性化且智能的学习方式则能够实现因材施教，能够显著提升教学效果，成为智能教育不可或缺的一部分。因材施教从古至今一直是教育中的一项重要原则。从中国孔子和私塾的教育理念开始，到剑桥大学的传统导师制度，都是践行因材施教的个性化教育方式的典型例子。这种智能的学习方式不仅给予优秀学员更大的成长空间，而且能够充分照顾成绩较差的学生，而不像传统课堂教育无视个性差异的教育方式。随着互联网技术的发展、人工智能算法的进步、在线教育数据的积累，自适应学习系统的实现不再是天方夜谭，其中科大讯飞的高考机器人、Knewton 的适应性学习平台更是让我们看到了智能教育的曙光。

早在 20 世纪 50 年代的程序教学开始，教育就和计算机有了紧密的联系，在先后经历了计算机辅助教学、生成性计算机辅助教学、智能教学系统以后，才逐渐向自适应学习的方向发展，发展成为个性化的智能学习。自适应的智能学习方法的理论依据是 1973 年哈特利等提出的智能教学系统基本架构。这个框架自提出起就得到各个国家的广泛重视，对其开展了众多的研究。例如，美国的彼得研究成果最丰富，提出了第一个自适应学习系统通用模型，也称为 AEHS 模型。后续也涌现出了 AHAM、LAOS、XAHM 和 WebML 等多个参考模型，自适应的智能学习方面的理论研究在不断地进行革新和完善。同时，有许多智能教育系统不断进入市场，其中当前应用较好的有 ALEKS、Knewton、CogBooks。国内也涌现出了一大批个性化学习网站。随着理论和技术应用的不断发展，在智能教育方面，教学资源由最初与教学策略绑定的文本丰富为独立的超文本，进而变为超媒体，增加了教学资源的灵活性和多样性；教学策略由最初固化到程序的学习路径变为根据学生反应动态选择，进而变为个性化推荐；教学方式由最初学生机械地自学变为教师科学地传授，进而变为学生主动地建构知识。学生的建模也由最初的一视同仁变为"刺激–反应"型动态地评价，进而变为涵盖基本信息、学习风格、知识状态等多方面的学生模型。

自 1994 年哈莱茨（Halasz）和施瓦茨（Schwartz）提出德克斯特超文本参考模型以来，无论自适应学习系统的物理实现分为几层，通用参考模型一般包括学员模型、领域知识模型、知识推荐模型、测试模块模型。

其中，学员模型是自适应学习系统的核心组件，它记录了学员的基本信息、知识水平、学习历史和学习风格。像年龄、性别等的基本信息在用户注册时就能搜集完成，并且在整个学习过程当中是不变的；知识水平是学员对于知识的掌握程度，由系统中的测试模块动态更新状态；作为数据挖掘的基础，学习历史的更新覆盖整个自适应学习的生命周期，是学员对于学习过程的完整记录；学习风格是学员在学习过程中表现出的不同学习偏好，因此成为个性化内容导航和内容呈现方式的重要依据，对于虚拟维修系统中学习的自适应性具有重要影响，而学习风格信息的搜集方式是多种多样的。

领域知识模型标识了学员所要掌握知识的全集，也是自适应学习系统的另一核心组件，记录了相关领域的术语及其之间的关系。目前领域知识模型的表示方式多种多样，包括知识图谱、本体论、知识空间、概念图等，构建方式根据人为参与因素的多少分为专家制定、自动化构建、半自动化构建。专家制定是指专家根据自己对于该领域的积淀人工制定领域模型，工作烦琐，而且严重依赖领域专家自身的水平，系统的可移植性非常差。自动化构建是使用统计、自然语言处理、机器学习等技术自动化挖掘领域知识，从而完成领域知识模型的构建，这种方式的准确度低，但是可移植性非常好。半自动化构建是指综合使用人工专家、自动化构建技术来完成领域知识模型的构建。在自动化构建知识模型时，需要使用关键词提取技术发现领域术语，使用关系提取技术发现领域术语之间的关系，进而完成虚拟维修系统中机械领域知识模型的构建。

知识推荐是教学资源到学习者本身的映射函数，同时是自适应学习系统智能性水平的决定因素，包括内容导航和自适应内容呈现。其中，内容导航是指根据学员模型个性化生成学习路径，完成知识到学员的映射，帮助学员通过学习建构自己的知识模型。自适应内容呈现是指将适当类型的教学资源以适当的方式提供给学员，以适应学员的学习风格。比如有人喜欢观看课件，有人喜欢观看桌面式系统演示，有人喜欢观看沉浸式系统的演示，有人喜欢学习抽象的概念，有人喜欢操作。优秀的知识推荐模型能够针对学员的特点，让他们以最适合自己的方式学到最需要的知识，提高学习效率。

测试模块是衡量学员知识掌握水平的重要方式，先进的自适应测试技术仅需要简短的测试就可以精准找到学员的盲点和薄弱点。高效快速的自适应测试，能够节省学员时间，提高学习效率，从而克服传统虚拟维修系统中对所有学员一视同仁的弊端。

更加智能的教育方式，能够让学习者发现学习过程中最为舒适、自然的方式。除了能够提高学习效率外，还能够让学习者对学习产生更大的兴趣，从而积极主动地学习。虽然取得了许多的研究成果，但更多的发展还需要在投入实践中应用后不断地对系统进行完善，因此需要在真正的教学环境中，让教师和学生不断地进行尝试和反馈。在未来的智能教育发展中，我们需要不断地对自适应学习技术进行完善，推出更具有针对性的学生学习系统，让教育变得更加智能化和个性化，学生们能够更加舒适高效地接受学习。

二、人类知识探秘

人不但具有关于事实的陈述性知识（declarative knowledge）和关于如何完成各种认知活动的程序性知识（procedural knowledge），还有更多默会知识，而对这些知识的表征、处理和使用才是真正的智能之源，但这需要社会化和交互作用才能形成的，如反映价值的意向性知识（should knowledge）就是人工智能的极限。

在生活中，目标帮助我们集中注意和精力，并表明我们想要完成的任务。同理，在人工智能研究领域，目标表明了我们想让机器学习的结果。机器学习的核心就是"期望机器通过训练过程后获得改变的方式的明确表达。一个系统如果能够根据它所知的信息（知识、时间、资源等）做出最好的决策，就是理性的思考。归纳能力是指通过大量实例，总结出具有一般性规律的知识的能力。"那么，如何让机器更好地像人一样掌握不同知识的学习？下面就让我们了解一下著名心理学家布鲁姆是如何对人类学习、教学和评估进行分类的。

学习目标首先是由认知过程和知识维度定义的，用于指导学习、教学、评估更好地进行。目标的陈述包括一个动词和一个名词：动词一般描述预期的认知过程，名词一般描述期望学生掌握建构的知识。而认知过程维度则包括六个类目，即记忆、理解、运用、分析、评价和创造。决定认知过程维度的连续统一体被认为是认知的复杂性。也就是说，假定理解比记忆的认知程度更复杂，运用比理解的认知过程更复杂，以此类推。

在研究教育问题中最普遍和最长久的课程问题之一是：什么是值得我们学习的？这是第一个组织问题。抽象地说，问题的答案界定了什么是受过教育的人。更具体地说，有时候答案界定了所教学科的意义。但是，单有标准并不必然会提供一个充分和可靠的答案。杂货清单式的标准可能比令人启发和有用的标准更让人模糊、沮丧。老师仍然需要回答"什么是值得学习的"这个问题。而他们主要靠课堂时间的分配和告诉学生实际的重点是什么来回答这个问题。而通过分类表（表6-1），教师能更清楚地看到可能的目标的排列和它们之间的关联。

这样，当我们根据分类表分析所有或部分的课程时，我们就能够对课程获得更加完整的理解。具有愈多条目的横行、竖列、单元格便一目了然，那些完全没有条目的横行、竖列和单元格也同样明显。没有条目的整行或整列能提醒我们，在这里可能包括迄今没有考虑过的目标。

表 6-1　目标在知识表中的分类

目标	描述	示例
总体目标	（1）功能在于为政策制定者、课程开发人员、教师和人民大众提供长远观点和奋斗口号 （2）是当前达不到的某种东西：是为之努力的某种东西，或要成为的某种东西。它是一种宗旨或意图，被陈述的目的在于激发想象和给人们提供他们要努力追求的某种东西	（1）所有学生都将开始学校学习的准备 （2）所有学生在显示胜任挑战性教材的能力后能升学 （3）所有学生将学会使用他们的心智，以便他们将来成为有责任心的公民、进一步学习和为国民经济中的生产性工作做好准备 （美国教育部 2000 年的目标）
教育目标	（1）同总体目标相比，教育目标较为具体 （2）给教师在计划课堂活动和评价学生时运用	（1）阅读乐谱的能力 （2）解释各种社会数据的能力 （3）区分事实与假设的技能 （使用行为和内容进行描述）
教学目标	（1）教学目标比教育目标有更大的具体性 （2）使教学和测验集中在相当具体领域	（1）学生能区分常用的四种标点 （2）学生学会两个一位数的加法 （3）学生能够列举美国内战的三个原因

总之，对目标的分类虽然不能直接告诉老师什么是值得教的，但是可以帮助教师把标准转化为共同的语言，以便与他们个人希望达成的目标相比较，通过呈现多种可能性的考虑，为指导课程建议提供某种观点。

从知识维度分类，知识可以分为事实性知识、概念性知识、程序性知识和反省认知知识。

1. 事实性知识

事实性知识包括专家在自己的学科交谈、理解和系统组织时所使用思维的基本元素，把它们从一种情景运用于另一种情景很少或完全不需要变化。事实性知识包括基本元素。如果学生需要知晓某个学科或解决其中的任何问题，他们必须知道这些基本元素。事实性知识通常是一些与具体事物相联系的符号或符号串，它们传递重要信息，而且大多数事实性知识以相对抽象的形式出现，包括术语知识、具体细节和要素知识。

术语知识包括特殊言语的和非言语的符号（如词、数字、标记、图画），是学科的基本语言——专家用于表达他所知的东西的速记，如字母表知识、科学术语知识（分子符号标志、原子内粒子名称）、用于表示词的正确发音的符号知识。

具体细节和要素知识指事件、地点、人物、时间、信息源等知识，包括非常精确和具体的信息，如事件的具体日期或现象的准确数量。它也可能包括大概的信息，如事件出现的时期或大量现象出现的一般顺序。与只能在一定的背景中才可知的事实相比，可以将具体事实看作独立和分散的元素。

2. 概念性知识

概念性知识涉及分类、类目和它们两者或多者之间的关系——较为复杂的和有组织的知识形式，包括图式、心理模型或者在不同心理学模型中或明或暗的理论。

分类和类目的知识这个亚类包括特殊类目、类别、部分和排列，它们用于不同题材中。每一题材（或教材）都有一套类目，不但可以用于发现新成分，而且可以用于处理已发现的新成分。类别和类目不同于术语和事实之处是：它们在两个和多个成分之间建立了联系，如句子成分（如名词、动词、形容词）、不同种类的心理问题的知识、各种类型文学的知识。

另外一个是原理和概括的知识，原理和概括倾向于对学术性学科起支配作用，并用于该领域的现象和解决问题。原理和概括把大量具体事实和事件组合起来，既描述这些具体细节之间的过程和相互关系，也描述分类和类别之间的关系，如物理学基本定律的知识、支配基本算术运算原理（如交换率）的知识、关于特殊文化主要概括的知识。

还有理论、模型和机构的知识，包括原理、概括及其组合成相互联系的知识，它们对复杂的现象、问题或题材呈现一种清晰、完整和系统的观点，如国会总体结构的知识、地球板块论的知识、基因模型的知识、作为化学理论基础和化学原理之间相互关系的知识。

3. 程序性知识

程序性知识一般是指如何做什么，研究技能、算法、技术、方法的标准。包括：具体学科的技能与算法的知识、具体学科的技术和方法的知识和决定何时运用适当程序的标准的知识。具体学科的技能与算法的知识可以表达为一系列步骤，在总体上是我们所知的程序，如用于水彩绘画的技能的知识、解方程各种算法的知识。具体学科的技术和方法的知识与通常导致最终固定结果的具体技能和算法不同，有些程序并不导致预先决定的单一解答或答案，如适合社会科学的研究方法的知识、科学家用于寻找问题解答和技术的知识、各种文学批评方法的知识。决定何时运用适当程序的标准的知识除了知道与专门课题有关的程序外，也希望学生知道何时运用它们，如决定用哪种方法去解代数方程式的标准的知识、决定要写儿童文章中的哪一类（如说明文、议论文）的标准的知识。

4. 反省认知知识

反省认知知识指一般认知知识和有关自己的认知的意识与知识，也指个人对自身的意识和知识，其中包括策略性知识、情境性和条件性的知识在内的关于认知任务的知识和自我知识。策略性知识是有关学习思维和解决问题的一般策略的知识，如各种记忆术策略的知识、像释义和写概要这样各种精加工策略的知识。除了各种策略知识外，个人还积累了有关认知任务的知识。换言之，他们在何时发展和如何适当运用这些策略知识，如简单记忆任务（如记忆电话号码）可能只需要复述的知识，像写概要和释义这样的精加工策略能导致较深刻理解的知识。自我知识包括与学习和认知有关的个人优缺点，如知道自己在某些领域有知识的积累但在另一些领域缺乏知识、知道自己在某些情景中倾向于依赖某类认知"工具"（策略）、个人完成某一任务的目标的知识、个人对某一任务兴趣的知识。

所有像分类学这样的框架都是对现实的抽象，这种简化是为了促进对潜在条理性的感知。这个框架也不例外。正如东西好吃的证据在于食用的过程，希望对知识的学习进行分类总结能够帮助研究机器学习相关算法的专家进一步研究知识的构成与习得。

三、机器知识解析

理查德·萨顿反对传统人工构建知识的方法，比如知识表示或手动构建的启发式函数，他认为痛苦的教训是基于历史的观察：第一，人工智能研究人员常常试图将知识构建到他们的智能体中；第二，从短期来看，这总是有帮助的，而且对研究人员来说是个人满意的，但是从长远来看，它会停滞不前，甚至会阻碍进一步的进展；第三，通过基于搜索和学习的缩放计算的相反方法，可能会最终取得突破性的进展。

1. 元知识的概念

目前学术界对元知识还没有一个严格的概念。通常来说，元知识就是"关于知识的知识"，可用来描述一类知识或知识集合所包含的内容、基本结构和一般特征。没有元知识，人们就无法描述知识、使用知识和认识知识。在自动控制与人工智能等系统领域中，一般把使用和控制该系统领域知识的知识称为元知识。元知识不是领域知识，不能解决具体知识领域问题，而是关于各领域知识的性质、结构、功能、特点、规律、组成与使用的知识，是管理、控制和使用领域知识的知识。

元知识是思想和意识的核心，如果没有掌握元知识，就不能学习和认知基本的知识，元知识对于人们认知系统的建立起着重要作用。人工智能和深度学习领域研究各种各样的智能系统，自主学习机制均是以模拟人脑思维活动为目的，没有学习元知识的能力的智能系统起码不能算是一个智能系统。

2. 知识的分类

布鲁姆在学习目标分类学方面进行了开创性工作，他将学习目标分为认知、情感和动作技能三大领域。在认知领域，其认知教育目标分类学将教育目标分为知识、理解、应用、分析、综合、评价六个类别。

布鲁姆的认知目标分类诞生几十年来，对其的修订工作一直没有停过。以加涅的学习结果分类、安德森的产生式理论以及以安德森为首的团队进行的布鲁姆教育目标分类认知修订版最为著名。

3. 加涅的学习结果分类

加涅将可能的学习结果分为五类，即陈述性知识、智慧技能、认知策略、态度和动作技能（表6-2），每一种分类又可以分为不同的亚类。

表6-2　加涅的学习结果类型

类型	定义
陈述性知识	要求学习者逐字逐句地记忆、解释或者从事实、名单、姓名中总结或组织信息。陈述性知识有时被描述成是"知道什么"
智慧技能	智慧技能的结果是学习和培训情景中的主要学习目标。智慧技能最重要的是将规则应用于之前没有遇到的例子中，也称为程序性知识，描述为"怎么做"
认知策略	学生用认知策略来管理自身的学习，有时称为学习策略或者"学习如何学习"。认知策略支持其他领域的学习
态度	态度是一种使学习者倾向于选择某种行为方式的心理状态。加涅将态度描述为认知、情感和行为互相作用的结果
动作技能	以流畅和精确定时为特征的肌肉运动调节就是动作技能

陈述性知识是指可以用言语表达的信息，陈述性知识是回答"是什么"的问题。智慧技能是人们按照一定的方式方法做事的能力，是"怎么做"的知识，如应用规则与原理解决确定性的问题。认知策略是指个体自主学习、记忆和思维活动的较高层次的智慧技能。

4. 修订的布鲁姆教育目标认知分类

以课程理论与教育研究专家安德森为首的一个专家小组经过5年的工作，于2001年公布了原分类学的修订版。本文基于此种分类方式对不同类型知识的认知过程分别进行分析，试图找出虚拟维修训练中元知识的认知规律依据。

布鲁姆教育目标分类学修订版与以前版本最大的不同是将教育目标分成两个维度，一个是认知过程维度，另一个是知识维度。认知过程维度仍分为六大类，但第一类的知识改为记忆，保留了理解、应用、分析和评价，增加了创造。将旧版中的知识单独划出来作为一个新的维度。知识维度将知识分为事实性知识、概念性知识、程序性知识和元认知知识。

以认知过程维度为横轴，以知识维度为纵轴，就形成了认知目标二维分类模型。不同的知识维度对应不同的认知过程，由此形成了不同的学习和训练目标以及训练方法、训练策略。

在总结以上专家对于知识的分类方式后，这里将目前最权威的修订的布鲁姆教育目标认知分类学作为元知识的分类方式。

（1）事实性知识

事实性知识的研究基础。事实性知识是学习者在学习某一专业时必须掌握的基本元素，包括时间、地点、人物、事件，对应装备虚拟维修训练，如装备的技术性能、基本技术参数等。事实性知识可能以独立元素或点滴信息存在，被认为在本质上和其自身是有某种价值的。

事实性知识的一般过程。对于事实性知识，在知识呈现情景阶段，通过对呈现的知识考察可发现事实性知识呈现的离散性特点。在学习过程情景阶段，通过对学习时交互方式的考察可以发现认知过程以被动接收为主的特点。事实性知识的认知过程以记忆为主。

事实性知识有如下特点：①以陈述性的知识为主；②认知内容没有认知中的高级分析加工或加工量很小，信息不存在认知困难，认知任务主要在于信息的量；③认知过程是离散的；④认知过程以被动的视听接收为主。

事实性知识的分类。事实性知识可分为术语知识、具体细节和元素知识。术语知识包括特殊言语和非言语的符号（如词、数字、标记、图画）。每一个专业都有其特有的标识和符号表示方式，它们是一个人掌握这一学科的基础。掌握专业的术语知识，同一个专业的人就可以快速交流，短时间内实现思想的碰撞，更有利于擦出新的火花。掌握术语知识可以方便人们快速记忆一些东西，为将来学习更加深刻的内容打下坚实基础。具体细节和元素知识指时间、地点、人物、事件等知识。它可能包括非常具体的信息，如在哪一时刻打开哪一个开关或按钮；也可能是大概的信息，如事件出现的时期或大量现象出现的一般顺序。与只能在一定的背景中才可知的事实相比，可以将具体事实看作独立的和分散的元素。

（2）概念性知识

概念性知识是指一个整体结构中各个要素之间的关系，就是这个关系表达了某一专业的知识是如何形成的，各个要素之间是如何互相影响以如何组成一个完整的系统的。将概括的知识按照意义的方式加以概括总结，用以体现某些问题、现象的内在联系。概念性知识的一般过程是从记忆到理解的过程。其有如下特点：以陈述性的抽象知识为主；需要对认知内容加以理解；记忆与理解相互作用形成认知。概念性知识有三个亚类：类别与分类的知识，原理与概括的知识，理论、模式与结构的知识。

类别与分类的知识包括特殊类目、类别、部分和排列。当题材（或教材）发展时，学习该材料的人发现，开发出一些类别和类目使之能将这些类别和类目用于结构化和系统化的现象，是很有好处的。同术语和具体事实相比，这类知识是比较一般的和抽象的。类别与分类的知识是发展某一个学术性学科的重要方面。信息适当分类和经验进入适当类目乃是学习和发展的经典指标。而且新近关于概念变化和理解的研究表明，信息的错误分类进入不适当类目可以限制学生的学习。

原理与概括的知识是由分类和类目构成的。这个亚类抽象地概括出人们见到的各种现象，并且将这些现象抽象成知识。这些抽象知识对于描述某种现象、解释这种现象出现的原因、预测事件的发展趋势，并根据预测结果采取相应的行动具有重大的价值。原理与概括的知识，就是从大量的事实和事件中，抽象和概括出这些事实的核心，并且分析这些核心的内在联系和之间的相互作用，以及如何构成整个事实或事件的整体。

理论、模式与结构的知识包括原理、概括及其组合成相互联系的知识，这个亚类侧重于将原理和概括以某种方式相联系，从而形成理论、模式或结构。

学科具有不同研究范式和认识论，学生应该知道从概念上加工和组织教材的不同方式和在该教材中的研究领域。

（3）程序性知识

程序性知识是"如何做事的知识"，如何思考及如何解决问题，在遇到问题时，不仅要想到如何去解决问题，同时要知道在什么样的场景下，使用什么样的方式去解决什么样的问题。

程序性知识不仅包括基本的由记忆到理解的一般认知过程，还包括理解之后的应用和分析。

程序性知识有如下特点：①认知内容综合性强，需要经过高级分析加工进行理解；②对情景依赖性高，认知任务主要在于正确把握当前情景并做出合理判断；③认知过程是一个交互的过程，需要主动参与，是一个不断反复的过程；④认知过程是一个连续的整体，实时性要求高。

程序性知识有三个亚类：具体学科技能和算法的知识、具体学科技巧和方法的知识、确定何时运用适当程序的知识。

如上所述，程序性知识可以表达为一系列步骤，在总体上是我们所知的程序。有时这些步骤的顺序是不变的；有时需做出决策，决定先做什么，然后再做什么；相似地，有时其结果是固定的（只有单一预定的答案），有时答案不定。

与通常最终导致固定结果的具体技能和算法不同，有些程序并不导致预先决定的单一解答或答案。例如，我们以某种先后有序的方式遵循一般科学方法去设计某一研究，但实验设计的结果依据情景的因素可能会有很大差异。程序性知识的这一亚类与其他亚类相比，结果是较为开放的和不固定的。

具体学科技能和算法的知识主要是意见一致的结果或学科规范，而不是更为直接地来自观察、试验或发现的知识。决定何时运用适当程序的标准的知识是指除了知道与专门课题有关的程序外，也希望人们知道何时运用它们，后者涉及过去运用它们的方式。这些知识几乎是历史的或百科全书式的。

这一亚类更多地涉及人们对于当前情况的情景认知能力，首先要对当前所处的状态做一个判断，然后将判断所得到的信息与已知的相关程序性知识做匹配,最后做出选择,决定在什么样的时间和空间,以及各种复杂条件下,适用什么样的程序,最后通过对人们用定律解决问题的能力进行评定。

（4）元认知知识

元认知知识一般指关于认知的知识,也指个体对于自身情况是否有足够的了解,并且能够做出正确的判断,包括了解自己认知活动中的优势与不足,以及采用什么样的一般策略去发现必要的信息。

元认知知识的认知过程是在事实性知识、概念性知识、程序性知识的基础上,逐渐递进的过程。由最初事实性知识的记忆,到概念性知识的理解,再到程序性知识的应用、分析,元认知知识在这个基础上,增加了评价和创造的过程。

元认知知识有如下特点:①认知难度大,要求高;②认知的形成可以作用于设计阶段以改善学习训练效果。

元认知知识有如下三个亚类:策略知识、关于认知任务的知识、自我知识。

策略知识是有关学习、思考和解决问题的一般策略的知识。这个亚类中的策略可以跨越不同的任务和教材运用,而不仅仅对某一学科领域中的某种任务最有用,如用于解二次方程式和欧姆定律。

除了各种策略知识之外,个人还积累了有关认知任务的知识。在传统元认知知识区分中,弗拉维尔把下列知识纳入元认知知识:不同认知任务可能有难度较大的,也有比较简单的,根据难度的不同,可能需要不同策略。回忆任务需要个体积极搜寻和提取适当信息,而再认任务只需要个体在几种选择中做出决定和选择正确的或最适当的答案。

弗拉维尔提出,除策略知识和关于认知任务的知识之外,自我知识也是一种重要的元认知知识。专家的一个标志是他们对自己不知道的东西很清晰,所以他们具有发现所需要的和适当的信息的一般策略。个人对自我知识深度和广度的意识是自我知识的一个非常重要的方面,他们对自己的实际知识和能力没有夸大和虚假的印象,他们知道自己知道什么和不知道什么。

第七章
人工智能：屈人之兵

  克劳塞维茨在《战争论》中指出"战争是迫使一方服从另一方意志的一种暴力行为，其追求的是最大化地打垮敌人，保存自己"。从冷兵器时代到信息化战争时代，在人类并没有发生根本变化的情况下，战争的形态却发生了翻天覆地的变化，究其根本是军事装备技术的变化，这也是如何实现"最大化地打垮敌人"的关键所在。智能化已经并将继续带来深入且广泛的影响，军事注定不会例外。

虽然目前的人工智能技术还有很大的发展潜力，但其在各种领域都已经有了众多的应用，军事领域就是其中一个重要的领域。在时代发展中，国防力量建设一直是国家维稳中的重中之重，每一项可用的新技术都被用来提升军事力量水平。在当今时代，人工智能自然会优先运用于军事领域。同时，对军事智能而言，计算越精细准确，风险越大，因为敌人可以隐真示假，进行欺骗，所以人机有机融合的智能更重要。如何用人工智能屈人之兵？智能化让如何打垮敌人这个问题也上升到了一个新的高度。

军智以人为本，民智以机为本。两者逻辑主体不同，"军智的算计逻辑"当仁不让地以人类为主体，研究的对象是人的思维、自然语言种种，强调"应是什么""应做什么"的问题，军智涉及手段、情感、意志和偶然性；"民智计算的逻辑"则是将计算机作为信息处理的主体，侧重"是什么""干什么"的问题，涉及规则、统计、概率和确定性，研究的是计算机的处理方式以及人与计算机的互动关系。民智讲究从 0 到 1，1 生 2……军智不仅如此，还可以从 1 到 0，2 生 1……

一、更聪明的武器，更智能的战争

随着深度学习、强化学习等新一代人工智能技术的发展，其在计算机视觉、自然语言处理、生物医疗及游戏博弈等领域取得很大的突破，人工智能在军事领域的应用也越加广泛，催生了军事智能的概念。

当前世界各军事强国都将人工智能作为未来军事中的颠覆性技术，纷纷加快推进智能化作战装备研究。2018 年，美国国防部提出建立联合人工智能中心，以此作为专职负责军队智能化建设的机构，开始统筹规划建设智能化军事体系。军事智能的不断发展，智能化装备的大量使用，不但将与传统的战争形态从技术上产生巨大的不同，在军事指挥与控制的理论上也将对传统作战制胜机理产生不同程度的颠覆。因此，当前加快军事智能化发展，不仅要继续智能化武器装备的研究，还要提高对智能化战争条件下作战指挥控制理论的研究。

纵观古今，展望未来，各种军事作战装备或系统始终都是一个人-机-环境系统。无论是现在还是未来，无人机、无人车、无人艇等各种无人装备都不可能是完全无人的，只不过是人由前置转为后置，由体力变为智慧，由具体执行变为指挥控制，其中涉及复杂的人机交互及其相互关系的问题，单纯的人工智能与人类智能都不能使其发挥最大效能，人机智能的融合是其重要的发展方向。

准确地说，军事智能不仅包含自然科学和工程技术，还涉及社会科学领域，如人文、哲学、宗教乃至艺术等，这从世界上最早的兵书之一——《孙子兵法》的英文名字 *The Art of War* 即可见一斑。有时候，好的军事指挥不仅是技术还是艺术。军事智能是人工智能之冠上的明珠，相对传统的民用人工智能，其对抗性、博弈性更强，军事智能不仅仅是武器装备的智能，更是指挥控制系统的智能，是体系的智能。如果人工智能主要是以技术为主，那么军事智能则是将技术与艺术进行结合。未来军事智能的最优存在形态应该不是个体性的（如异常先进的单平台武器），而是系统性的（网络性的），更有可能是横跨各人-机-环境系统体系性的（如跨不同网络的陆海空天网体系），并且该体系还会不断自主升级。

人工智能的最底层技术是二极管的 0、1 二元逻辑，军事智能的最底层技术是人的多元意向（非逻辑）。军智将会改变现代作战需求、样式、技术、能力，由火力强度需求转为点穴式制约需求，由传统攻防样式变为多域协同样式，由自动信息技术升级为智能洞察技术，由 OODA（观察、调整、决策、行动）迭代能力进化为人机融合的深度态势认知能力，进而保证机器技术与人类艺术的有机联结。

如同人工智能当前在民用领域没有达成共识的定义一样，军事智能除了在应用领域比较明确之外，现在也没有共同一致的概念，将来可能也很难产生一致认同的概念，因为人本身就是一个极其不容易归纳概括的名词，凡是涉及人的行为，尤其是智能行为，更是变化莫测、出其不意。德国军事家克劳塞维茨把战争中多方的智能博弈看作不透明的理论——The theory of war，军事智能的不确定性和模糊性甚至超出了人类的认知。

世界即使再复杂，情境再捉摸不定，也总有蛛丝马迹。第三次"抵消战略"自 2014 年 9 月由美军提出以来，目前已进入全面实施阶段。美国国防部副部长沃克提出，自主学习、机器辅助人员作战、有人–无人作战编组、网络化半自主武器将是第三次"抵消战略"重点发展的五大关键技术领域。美军在 2016～2018 财年的国防预算中，持续加大对自主系统、情报数据分析、大数据分析、机器人、自动化及先进传感技术的投资强度。是否能研究出支撑技术应用的算法，提升人工智能、自主技术的水平，将成为决定上述各主要方向技术发展的关键所在。从众多公开信息分析不难看出，美军对军事智能领域的重视程度也很高，其主要着力点是两部分：一是机器学习，二是自主系统。机器学习就是形式化的（程序规范性的）代表，描述一个规则的事态；自主系统就是意向性（非形式化、事实经验性的）的代表，描述一个可能的事态。形式化推理就是将命题、逻辑连接符号化，然后规定变形规则，进行公式间的转化变形，就可以用来表达推理。非形式化的推理就是不借助符号，而是直接通过自然需要来进行语句间的变换。一开始这两个部分可能是各自为战，分头突进，但过不了多久，该研究的真实意图就会和未来科技的发展趋势越发一致起来：人机融合智能系统。这也说明了军事智能的可见未来既不是单纯的机器学习，也不是单一的自主系统，而很可能是结合人机各自优势的融合智能，若凝练成科学问题，本质上就是要回答认知和计算的关系问题。

二、深度态势感知，精准军事洞察

对军事智能而言，无论是机器学习还是自主系统，都不外乎是为了精确地感知、正确地推理和准确地预测，这就涉及一个大家司空见惯而又望之兴叹的军事智能核心概念之一：态势感知。

无论是军用还是民用，人工智能的本质都不是简单的赋能，而是人类智慧的自我反馈，是他人在不同时空中的概念知识在"我"的时空情境中的运行，所以常会出现人机融合的不适，不过也很正常。如果非要说人工智能是赋能，那也是别人以前的可程序化、可预测性的知识赋予现在的"我"的能力而已。其中的知识一般分为两个层次，顶层的知识由概念的、符号的、离散的或命题性的知识构成；底层的知识由感觉的、前概念的、亚符号的、连续的或非命题性的知识构成。底层的知识往往涉及感性，与态势中的"态"有关；而顶层的知识常常涉及理性，与态势中的"势"有关。

　　态就是暂时如此的表象，势就是本来如此的真相；态势感知就是通过转换不同的角度进行思考以达到知己知彼的途径，一般是由表及里、由外到内、由左到右、由下到上、由态到势、由感到知，若能够把其逆过程融入进来，即同时还可以由里及表、由内到外、由右到左、由上到下、由势到态、由知到感，那么还可以加入"深度"以示强调，因此称之为深度态势感知。孙子所说的"知"应该就是这种双向甚至更多向的交互换位融合，就是深度态势感知，而他所说的"己"和"彼"也不仅仅是指敌我，还应涉及各种物和装备，以及对环境的考虑。"自己"这个东西是看不见的，撞上一些别的什么东西，反弹回来，才会了解"自己"。 所以，与很强的东西、可怕的东西、水准很高的东西相碰撞，然后才知道"自己"是什么，这才是自我。优秀的指战员不仅可以及时感态、知态，还可以迅速地感势、知势。态倾向形式化，势倾向意向性，态势感知就是形式化衍生出的意向性描述，势态感知就是态势感知的逆向过程——资源管理。例如我国著名的三十六计（围魏救赵、金蝉脱壳等）强调的是势，不是态，算计出的是势，计算出的是态，人是算计，机是计算。人是从势到态（高手强势弱态，低手弱势强态），机可以是从态到势（好机弱态强势，坏机强态弱势）。

　　深度态势感知是把平台、系统、体系各级别态势感知融合在一起形成的。可控的指控是势态管理，不可靠的是态势感知。人们视觉上一般是先见森林后见树木，先整体后个体，这与先势后态的深度感知是一致的。

　　态是对事物的一种印象，势是对这种印象的一种观念。科学发现无非就是四类：根据有物之象，找无物之象；根据有物之象，找有物之象；根据无物之象，找有物之象；根据无物之象，找无物之象。军事家发现态势无非是四类：根据有态之势，找无态之势；根据有态之势，找有态之势；根据无态之势，找有态之势；根据无态之势，找无态之势。

感性缔造着理性，艺术牵引着创造。态势感知的理性不仅仅限于形式理性（理论理性）。要把理论理性和行为/实践连接打通，需要的界面是"实践理性"，亦即关乎指导感知的态势理性。纯粹的理论理性既是抽象化的，也是理想化的；实践理性则可以是没有理想化的抽象化，可以用来指导行为。在不同的时间，同一个态在同一个人的头脑中形成的"象势"也是不一样的。比如，幼年、青年和老年时期，"爱"字在头脑中形成的"象"就完全不同。在不同的地点，同一个态在同一个人的头脑中形成的"象势"也是不一样的。比如，分别在冰窖里和火灶旁，"冷"字会形成不同的"象"。其实早在明朝，王阳明就已经知道这个秘密了，他为了更加全面、准确地认识"死"字，甚至亲自躺进石棺中去体验。由于多义性，某些字同时对应着多个"象"，使得在不同的词或文中，该字的意思不同，如一态多势、多态一势、时态时势、空态空势。

态中常常包含专业层级中合乎常规的类型组合，势中往往违背了专业层级中合乎常规的类型组合，这可美其名曰：常态异势。重要的是，态的表面对称通常会掩盖深层势的不对称，犹如人体显而易见的左右对称掩盖了内部器官的不对称。

态的聚类可以限制态网络中的搜索。态网络中的所有搜索都源于一个核心态（即势）及通过扩散激活从这个势扩展开去。如果围绕一个态进行无限扩展，最终会得到无数毫无关联的势。未加约束的搜索很快会产生出矛盾且无关的信息。受态聚类约束的搜索（通过态聚类区分其结果的搜索）得到的结果是具有系统性且连贯的。聚类是一种关联，由核心态-势引导的聚类搜索只检索相关的信息。

对"态"而言，其本质是表征的问题，尤其是静态的表达，侧重于感形（客观存在，being），即感己感彼；对"势"而言，本质是理解（构建联系）的问题，尤其是动态的会意，侧重于知义（值得、应该，should），即知己知彼；由态到态的交互过程，没有智能的出现，即得形失意；由态到势的交互过程，亦即数据在流动中生成信息知识（形成价值性）的过程，也就是智能的产生过程，即得意忘形。理性很难进行创造，感性很难进行精确。很多态是形不成势的，态形成势的过程就是智能元素成分浮现的过程。

态势结构理论在逻辑上把态势刻画为基于结构上的类比匹配的系统，这些结构的构成态来自于不同类型态的聚类或势场。类比匹配出现于态势之间或者描述之间。类比态势具有共同的事实结构，而类比描述具有相同的概念结构。两者区别很大，类比描述不需要为真，只需要共有某些态的规则排列即可。康德可能是第一个区分相似性和类比的人，即类比不表示"两个对象之间的不完全相似性，而是两个并不相似的对象之间关系的完全相似性"，如"人类行动是机械力"。

在军事智能领域中，特别是态势感知处理过程中，态势与感知的形式化、意向性描述分析非常重要，其中形式化就是理性了的意向性，意向性就是感性了的形式化，逻辑就是连接感性与理性、形式化与意向性的桥梁。意向的可及性是其形式化的一个关键，可及性也是可能性向现实性转化的前提条件。就意向性而言，可及性就是态与势之间的限定交互，如同一个事物在不同时空情境（各种态＋各样势）中转换的配对和映射、漫射、影射。事实上，从数学的映射到物理的漫射再到心理的影射都涉及智能问题，这既是逻辑命题与经验命题之间的相互融合过程，也是人类理-解、感-知的过程，其中从理到解的一部分即人工智能。目前人工智能最难突破的是非家族相似性的漫射、影射问题，人机合作则有利于该问题的解决：人的意向性是形而上，机的形式化是形而下，人机融合就是两者虚实之间的道器结合。差异会产生变化的动力，人是容易感知到前提条件变化差异的，机器对此应对明显不足。如何使机器产生感知外部前提条件的变化，并依此而随机应变，是人机融合的一大障碍。例如，人类的词语、概念、语义不是固定的，是随着情境的变化而自然变化的，而机器的这种畸变就小得多或基本没有，变与不变形成对立，而如何统一就是关键点。需要强调的是，军事智能中的人机合一，不是简单的"人心＋机脑"，而是人（单人、多人、敌我）＋机（机器装备＋机制管理）＋

作战环境（真实＋虚拟）体系的交互统一。

军事智能本质就是主客观的融合，既包括有机融合，也包括无机融合，即是主观以一定方式与客观融合，其目的是适应。军事智能研究的第一步是解决表征问题，没有表征，何谈联系？即先搞清楚（你我他）是"谁"之问题，也就是"知己知彼"。对人而言，之所以诸多表征的不确定性不会造成处理、决策的不确定性，其实是人的意向性和目的性在起作用，人本身就是目的而不仅仅是工具。如中西思维方式的差别：由于西方使用拼音文字，导致字符本身的概念消失，因此必须在强逻辑结构中寻求概念，在抽象中展开知识体系，导致西方人进入逻辑强迫症状态。"态"就是先天已存在的事物发展惯性，"势"就是后天未存在的事物发展惯性，感知就是要理解态、势。深度态势感知就是深度理解态、势。例如，"状态注定，势可改变"，但很多人理解成了"态势注定，不可改变"。正可谓态由天定，势由己生。另外，军事智能不是情境／场景／态势性的，而是跨情境／场景／态势性的，因而超越感知的觉。深度态势感知系统不是完美的，但是具有重要的参考辅助价值，是指一种基于复杂性博弈和反思的理解之道。这种理解之道能够帮助指战员直面未来战场的各种变故与不确定性，更好地与自己所具有的条件、环境打交道，理解它的复杂性，以及自己在其中扮演的角色，从而拥有一个更有利的过程和结果。也可以这样理解：深度态势感知并没有传递给你任何新的知识，而是通过将你原本熟知的事物变得陌生，给予你另一种看待事物的方法，而这个角度可以使你距离胜利更近。

如果说态势感知是形式化的系统，那么深度态势感知就是加了意向性的形式化系统。我们不苛求为深度态势感知提出完美的字面解释，而是希望能给出其中意向性的逻辑释义。毫无疑问，逻辑释义会丢失意向性中某些最令人兴奋的方面，如弦外之音、美学意境、拓扑效果。但我们关心的是真值，我们对意向性的认知意义和形式化的效果感兴趣。语言、逻辑就是把意向性进行形式化的一种工具。艺术与科学的转换也是如此。文化、变化、转化、异化等中的"化"很有味道，其中不仅仅有融合的意思，也有改变的痕迹，可以笑称为"化"

学。同样，状态、动态、变态中的"态"与趋势、形势、局势中的"势"构成的态势图谱也远比知识图谱更可靠、高效、灵巧。究其原因，对人而言，事物的属性是变化的，事物之间的关系也是变化的；对机而言，事物的属性是不变的，还被人定义了关系变化的区间值域，如知识图谱。

态是事实空间，势是价值空间，感是事实获得，知是价值关系。

关于深度态势感知虚实参照系，我们可分为人机不同的态（事物）参照系、势（事实）参照系、感（显著）参照系、知（价值）参照系，当这些虚实参照系大部分一致起来时，抑或是没有本质的矛盾时，才有可能产生正确的觉察和决策行为。

态势图谱确定范围和方向，知识图谱确定精度和速度，两者结合可以真正实现态势感知的工程应用化和技术化。

对于自主系统而言，其实往往就是主动的否定系统，如小孩子成长中最先会说的动词是"不""没有""别"，这意味着他／她要自主了。而同意常常意味着失去自我，如小孩子若用"好的""同意""太棒了"等表达自己的观点时，有时就意味着他／她开始失去自我了，当然否定自我也只是一种自主，只不过目前机器距此还甚远。如反思产生出的各种隐喻，这是只有人类才具有的特殊能力。隐喻是言外之意，非语法、逻辑是弦内之音。其实仔细想想，真实的世界不是既有黑也有白吗？所谓的法不就是非少了些吗？规则的形成莫不如此：从小概到大率，然后从合法到非法，隐喻也有法，不过和形式逻辑的法有所不同，隐喻里的法不是语法，是义法、用法，不过时间一长，达成共识，也会变成明喻，变成语法。法就是达成一致了的共识，无法就无天，天就是共识的边界。隐喻不是对态而是对势的指向，是逻辑的"逻辑"，同时也是大胆假设（想象）下的小心论证（逻辑）。

三、人机融合：最大化打垮敌人

对于人机融合智能而言，人可以把握实在的可能性，机可以运行逻辑的可能性，两者都会产生因果或相关关系，但这些关系具有不同的意义。即也许存在多重的因果或相关关系于人机融合之中，这些关系有显有隐，交融在一起，进而构造生成了复杂性问题。在复杂系统中可能交织在一起形成多个因果或相关关系嵌套纠缠，而我们注意到的与实际的关系经常存在不一致性。赋予机器智能的假设前提基本上都是有限的，这种有限性限制了众多的变化可能性。这些问题的解决不是靠增添新经验而是靠集合整理我们早已知道的东西——常识。人自身的感和觉也有隐协议，这些默会的协议支配着人的态势感知，是先视后识，还是先识后视，抑或是两者在何种态势下混合使用？而且每个人的方式都不同——习惯阅历使然。

人与人之间的交流也有不少协议，而且这些协议在相互交流中切换自如，游刃有余，不知不觉，变化多端，甚至可以在自相矛盾中自圆其说（如自然语言里的多义性）。这些协议中有些是隐性的常识规则，有些是个性化的性格习惯，总体上，两者间的边界模糊，弹性十足，约束宽松，条件灵活……而相比之下，人机之间的交互协议显得是那样的单调、机械，虽界面分明却有板有眼，虽一丝不苟却缺乏情趣。

人，尤其是厉害的人，总是能抓住最本质的东西，找到最合适的角度，使得不同现象间的深刻联系浮出水面。机器也正在朝着这个方向被塑造……人会犯错，并且现在机器犯的错误也是人错，我们很多经验与对真理的识得却是从错误中得来的。当机器也会真犯错的时候，颠覆就真的开始了。

人既有确定性的一面，也有不确定性的一面，机（机器、机制）同样如此，如何把不确定性的一面转为相对稳定的确定性加以使用，这是人机融合的一个重要问题。人的确定性＋机的确定性比较好理解，人的不确定性＋机的确定性、人的确定性＋机的不确定性、人的不确定性＋机的不确定性难度会依次递增，解决好这些问题就是人机融合过程。不确定性是由于表征与推理的可变性造成的，其机制背后都隐藏着两个假设：程序可变性和描述可变性。这两者也是造成期望与实际不一致性判断的原因之一。程序可变性表明对前景和行为推导的差异，而描述可变性是对事物的动态非本质表征。人类的学习不但能建立起一种范围不确定的隐性知识，还能建立起一种范围不确定的隐性秩序／规则。机器学习也许可以建立一定范围的隐性知识、秩序，只不过这种范围比人类学习建立的范围要小得多，而且可解释性更差，容易出现理解盲点。高手和"菜鸟"面对的情境常常是一样的，只不过高手往往会关注关键和临界处，及时地把态进行优化处理成势，而"菜鸟"却很难进行类似的态势转换，进而造成态的固化不前。

对人而言，机就是延伸自我的一种工具，同时是认知自我的一种手段，通过机的优点来了解自己的缺点，通过机的缺点来明了自己的优点，然后进行相应的补偿或加强。人机融合还不是一蹴而就的，这是因为缺乏双向性的感知与觉察。当前更多的是主从相声似的人机交互，尽管还并不那么尽如人意，捧逗还存在失调失配，但未来仍值得期待：毕竟人在发明机器的同时也在发现着自己。

无维的数据信息衍生出无不为的智能，有维的知识（图谱）衍生出的只是有为的人工智能。孟子说，独乐乐不如众乐乐。幸福越与人共享，它的价值越增加。如果你把快乐告诉一个朋友，你将得到两份快乐。其实，对于军事智能而言，亦是如此，三个"臭皮匠"相互分享数据信息，智能的融合价值就会越增加。在比较早的时候，惠勒就曾说过"信息即物质（It from Bit）"，信息既是特殊物质也是特殊能量，是虚／暗物质或虚／暗能量，犹如实数与虚数的关系。如果你把知识告诉一个伙伴，你也将在知识的流动中得到更多的知识。就像你在跟同学讲清楚一道难题的过程中，常常会得到许多自己独自思考时没有想到的东西一样。数据孤立静止时没有多少价值，一旦流动起来就会形成有价值的信息和知识，流动的数量越大、速度越快，方向越明确、融合越充分，智能化的成分越多，智能程度也就越大，获得胜利的可能性也就越大。

在天时、地利、人和三者关系的研究中，孔子把重点放在"人和"研究上，对于"人和"，如果分而言之，可以理解为行为与思想上的和谐，探讨人的主观能动性，认识规律，利用规律，这样才有了后来的儒家思想。智能出现的前提是：关系的产生。西方哲学中"我是谁"中的"我"就是关系。意识本身就是"关"加"系"。知识就是用理性区别事物，另外，由于知识忽略了用感性区别事物，所以知识图谱只是局部的世界反应。"秩序是生命的一半"，生命的另一半就是非秩序。从态空间进入势空间，就是从数据特征空间进入信息向量空间，就是从逻辑空间进入非逻辑空间，就是从形式空间进入意向性空间，也即从语法空间进入语义空间，这种不同空间的进入所产生的误差表达公式，就是我们要建立的深度态势感知公式。我们可以看出，从数学角度上想找到一个不同距离尺度的公式是非常难的。我们在大量的应用实践当中发现，一个数据从欧几里得空间进入概率空间的时候产生了误差，我们从这个角度找到误差的表达公式，就可以构建一个非常严谨的、在欧几里得空间的、各个概率空间之间的距离。如果仅看上面就是欧几里得的距离公式，下面得出的值是数据进入概率空间之后的误差，用这个简单的办法解决了实体当中的应用。然而，抽象符号间的联系不能产生知识和意义，形式符号系统的语义解释和知识建构如何内在于系统（类似于人类内在于我），应该是未来人工智能研究的核心问题。抽象符号间的联系本身是人赋予的知识和意义，"机器的自我"还很难处理这种关系。研究清楚人脑解构也解决不了智能问题，没有交互就不会产生关系，没有相互联系就不会有智能出现。

对于关系和属性而言，关系更为重要，它不但可以使你关注个体的特点，而且可以让你在相互作用中实现对个体及其他群体的特征理解，知识就是一种或多种角度对事物关系的描述（但并没有穷尽所有的角度）。关系可以是属性级的，也可以是系统级的甚至是多系统体系级的，各级之间可以跨越，如有些系统关系可以不考虑属性的影响。

机器是基于大量的正确样本进行训练的，而人类则是基于少量的正确或错误样本进行学习的。另外，机器学习的结果易产生局部最优，也许这也是数学的不足，如蚁群算法；人更擅长把握整体最优。机器学习（形式化）调参很难，人类（使用意向性）相对比较自如。

自主系统本质上解决的是不同时空条件下的设计者、使用者之间的一致性问题。

解决军事智能中的人机融合问题首先要打破各种认知惯性，突破传统的时空关系，把感知图谱、知识图谱、态势图谱融合在一起思考。

四、演绎空中博弈

1903 年，美国莱特兄弟制造的飞行者 1 号成功试飞，标志着人类进入了蓝天飞行时代。飞机诞生早期主要用于满足地面作战的侦察需求，因此，1914 年第一次世界大战爆发时，投入使用的军用飞机几乎都不携带任何武器。

新技术的发展和应用是战争形态演变的重要推手和助力。在空战一百多年的发展历程中，机炮、空空导弹、机载雷达、预警机、各种电磁 / 光电干扰、战术 / 战法的技术提升和应用推进，引发了空战形态的发展和更迭。

随着信息化时代、人工智能时代的到来，空中博弈下的战场环境变得越来越复杂，作战节奏显著加快，面对大量的信息和不确定、不完全的复杂因素，指挥决策人员必须在越来越短的时间内快速果断地做出指挥决定，其面临的指挥问题变得更加艰巨。信息获取的高速度和打击摧毁的快节奏已经使得传统单纯依赖人力的指挥方式处于完全被动挨打的地位。而通过人机融合和深度态势感知的发展，空中博弈变得越来越智能。

当前空中博弈环境下人机智能难于融合的主要原因在于时空和认知的不一致性，人处理的信息、知识能够变异，其表征的一个事物、事实既是事物、事实本身同时又是其他事物、事实，一直具有相对性，而各种机载设备及其他空战支撑装备处理的数据标识缺乏这种相对变化性。更重要的是，人意向中的时间、空间与机形式中的时间、空间不在同一尺度上，一个偏心理一个侧物理，一个偏主观一个偏客观；在认知方面，人的学习、推理和判断随机应变，而机的学习、推理和判断机制是特定的设计者为特定的时空任务拟定或选取的，与当前时空任务中的使用者意图常常不完全一致，可变性较差。

意向性是对内在的感知的描述（心理过程、目的、期望），形式化是对外在的感知的描述（物理机理、反馈）。人机融合智能及深度态势感知就是意向性与形式化的综合。形式化更多的是倾向于让人们对事物有一个直观的空间上的认知，而把这种空间上的认知延伸到时间上描述，就是意向性，形式化是态，那么意向性就是势。人机融合就是要形成一个对内在与外在、主观与客观、认知与行为上的感知的整体描述，形成一个可以描述人的心理过程、目的、期望以及机器的物理机理、反馈的模型。

事实上，把生命体特有的"目的性行为"概念用"反馈"这种概念代替，把按照反馈原理设计成的机器的工作行为看成目的性行为，并未突破生命体（人）与非生命体（机器）之间的概念隔阂。原因很简单，人的"目的性行为"分为简单显性和复杂隐性两种，简单显性的"目的性行为"可以与非生命体机器的"反馈"近似等价（刺激-反应），但复杂隐性的"目的性行为"——意向性却远远不能用"反馈"近似替代，因为这种意向性可以延时、增减、弥聚、变向……用"反思"定义则比较准确，但"反思"概念很难与非生命体的机器赋予（刺激-选择-反应）。"反思"的目的性可用主观的价值性表征，这将成为人机融合的又一关键之处。反思是一种非生产性的反馈，或者说是一种有组织性的反馈。自主是有组织的适应性，或被组织的适应性。据此，我们将安德斯雷态势感知三级模型和维纳的"反馈"思想结合，提出了一个基于"反馈"的空中博弈环境下的深度态势感知模型。

可见，深度态势感知理论模型在不同情境下处理信息的方式会有所区别，并且以往关于态势感知的研究都充分说明了态势感知具有实时性，即态势感知会随着时间而不停地更新、迭代。所以，我们尝试着对态势感知进行细化，并提出了一个基于循环神经网络（RNN）的深度态势感知理论框架。

我们将态势感知中的"态"定义为人-机-环境系统中的各类表征个体状态的主客观数据，即state；将"势"定义为事件的发展趋势，即trend；将"感"定义为对系统中"态"的觉察，即sense；将"知"定义为对"势"的理解。该理论框架就是为了辅助人们更好地"感势""知势"。而为了获取数据，必然要引入客观数据，根据之前的研究，我们可以将"态"形式化为显著性，将"势"形式化为价值性，将"感"形式化为反应时，将"知"形式化为准确率。"感态"

着重于时效性，而"知势"更倾向于有效性。

"我思故我在"是笛卡儿二元认识论的起点，也是终点，即唯一确定的事，就是"我"的体验。根据认知科学的解释，由于在大多数情况下，人的认知能力是有限的，所以最优化是无法实现的。因而参与人必须了解他的目标方程，这就要求一个庞大的认知性先决条件，如同参与人发现他们所处的环境一样，而系统地描述这一目标方程是极其复杂的。知己知彼不可分，不知彼就不能知己，任何事物本身不能解释自己，只有从其他参照物处才能感知、理解、发现、说明、定义自己（我是谁，我从哪里来，我要去哪里）。进而可以认为：自我是不存在的，没有环境和参照物，自己解释不了自己，如同"我"的概念定义不能为"我就是我"一样。再进一步，自我意识也可能是不存在的，它也是交互的产物，只不过可以穿越时空逻辑关系罢了。根本上，所有的自主系统都是不由自主，只不过显隐程度不同而已。之后，笛卡儿将自己的哲学观点形式化为著名的二元直角坐标系。

关于深度态势感知虚实参照系，我们可将其分为人机不同的态（事物）参照系、势（事实）参照系、感（显著）参照系、知（价值）参照系，当这些虚实参照系大部分一致起来时，抑或是没有本质的矛盾时，才有可能产生正确的觉察和决策行为。

我们只有在把一物与他物区分开来时，才能对该物有所认知。只有把一个人的知识或信仰状态与他人的区分开来，才能对一个人有所了解。哲学上最难也是最重要的任务之一，是明确世界的两类特征，即那些独立于任何观察者而存在的内在特征和那些相对于观察者或使用者而存在的外在特征，如"一个物体有质量"（无论对谁而言）与"这个物体是浴缸"（也可能是水缸、饰缸、粮缸）。所以，对深度态势感知系统研究的下一步工作，就是将其具体应用到某一或某些情境中，检验其有效性和可靠性。

五、从军火战到算法战

以智能算法为代表的人工智能技术的迅猛发展，使得新的军事智能理念得到发展。2017 年 4 月 26 日，美国国防部正式提出"算法战"

概念，将代替人工数据处理、为人提供数据相应建议的算法成为"战争算法"，并建立相应的组织推动"战争算法"关键技术的研究。

算法战的目的是获得主动权，但主动不是随心所欲，而是恰如其分地随机应变，是一种因势利导、顺势而为。

算法是优化，是用来有效处理问题的；优化也是算法，是用来有效选择算法的。《孙子兵法》就是各种算法集（三十六计），而恰当选择运用适当的算法，恰恰是算法的关键——算法的"算法"。从这个角度说，孙子兵法就是算法战，战争论也是。

一般而言，所有个性化的认知都有一面性，不具有多面性，难以形成立体全面，所以有误差存在。如何通过片面（苗头、兆头）的感知，形成对事物整体甚至是本质的洞察，进而抓住时机采取行动措施，是衡量算法水平高低的重要尺度。即算法也涉及表征、推理、决策、实施过程。厉害的智能／算法是得意（价值空间）还不忘形（事实空间），而且可以影响自己与对手的潜意识中的感知、推理、预测、行为。

算法战的核心是割裂对方的自知、知他，甚至是自感、他感，使之变得又盲又聋又哑又瘸。算法战最难的是隐性关系的提取捕捉和显性关系的排除过滤，通过算己算彼，达到知己知彼。

算法战，有概算、计算、精算、细算，更有算计、盘算、暗算……算法战的关键是要跳出算和法去看待算法，才可能真正把握它、运用它。

由于众多的蝴蝶效应，这个世界充满了不确定性。如何在茫茫大海中寻找到一些希望，这就是算法的作用——灯塔。

新一代作战体系的核心是人机融合智能，从本质上讲，未来战争不仅取决于人工智能和远程精确弹药等高科技武器，更取决于思考、行动、创新和人的因素。

计算的确可以让机器承担很多操作性的任务，但执行操作并不等同于替代执行操作的人。人作为自然实体所进行的操作，与机器通过计算而实现的操作相比，有一个至关重要的区别，就是约翰·塞尔所强调的"意向性"维度。机器的操作不是意向性的活动，因为它不能解释自己的操作；而人的行动是意向性的，是人所具备的概念能力的体现，在操作的同时也在进行着自我解释的活动。智慧总是关联到决定人们如何理解事实的那些价值目标上。不论是军事智能还是民用智能，都有一个反思内在价值追求的向度，这只能由人的意向性自我解释来实现，而不可能由非人来实现。战争是人与装备的结合，再好的装备也需要人来操作。例如，俄罗斯在制定人工智能武器方面的立场，突出体现在其关于致命自治武器系统的官方立场文件中，它要求"人在决策循环中"，但不赞同限制国家建立和测试新技术的主权的国际制度的概念。因此，俄罗斯国防部门采用以结果为导向，使用前瞻性的方法来开发人工智能。总的来看，军事智能将会从思想、技术和应用模式上对现代和未来军事作战产生全面影响。目前已在三个方面初见端倪：一是智力会超越体力、信息的有效协同，成为决定战争胜负的首要因素；二是无形的（不战）监控取代残酷的（激烈）摧毁，成为征服对手的首选途径；三是在体系作战中，人机融合产生的集智作用有可能超过集中火力和兵力的作用。

　　一般而言，理性不能用于创造规则，也不能用于设计复杂系统，于是理性只能用于对已经存在的自发秩序进行抽象和提炼。例如，当我们看到凡·高的《一双鞋子》，不是单单观看一个静止的艺术品，而是通过鞋子感受到人的生活，感受到生活表象后人的思想、情感，从而感受到一个世界。画中的世界、艺术展现出的艺术世界、作者的世界和观者的世界，共同形成了艺术。归根到底，机器所能做的只是计算而已，而在计算与有意义的人类竞争之间，仍然有着根本的区别。正如拿破仑所认识到的，"世界上有两种力量：刀剑和思想。从长远来看，刀剑总是被思想打败"。人是由其信念所构成的，他即他所信。智慧不同于科学知识，科学关心事实如何，但智慧不能只关心事实，还要更关心如何给事物以价值和意义。军事智能与民用智能最后面临的终极问题很可能不是科技问题，而是那个永恒的话题——道德伦理，而这也是超越了智能的"智能"。

第八章
人机都是主播

随着智能终端和平台技术的快速发展,"人人都是报道者""人人都是主播"的梦想,正在成为现实。传媒业的生产方式、传播方式、运行方式、消费方式正在发生着巨大改变,未来,"眼观六路,耳听八方"也将被赋予新的内涵和外延,人类的感和知都会衍生出不一样的味道。人机融合将成为智能传播系统的主要发展方向。

　　除了应用在军事领域以外，人工智能也在切实地改变着我们的生活。随着互联网的发展，人类已经进入了信息高速且多样化传播的时代，越来越多的人成为主播，成为信息传播的节点。随着人工智能应用的不断深入，人机都将成为智能传播时代的重要节点。

一、技术发展造就智能传播

　　未来，随着智能传播的发展，人类对同一事物的看、听、触、嗅、味、思都会呈现出与先前不一样的秩序，这种新的认知机制将会变得更快、更立体、更饱满、更富有多样性（包含负面性、欺骗性）。对此，要加快智能传播的发展，不仅要继续深化智能技术的研究和应用，还要提高新形势下传播理论和用户体验的分析与创新，这样才能更好地应对新闻传播行业颠覆性竞争格局的出现。

　　纵观古今，展望未来，各种智能传播系统始终都是一个完整的人–机–环境系统，大数据、智能化、移动网络、云计算等各种智能传播技术都不可能是完全无人的，只不过是人由前置转为后置，由体力变为智慧，由具体执行变为筹划操作，其中还将涉及复杂的人机交互及混合问题。对于未来的智能传播变化趋势而言，单纯的人工智能或人类智能都不会使其发挥到最大效能，而两者的结合——人机智能的融合终将是其发展的主要方向。

　　客观地说，智能传播是一种加快、加深人自我认知的新途径、新方式。它的出现使得人们主动、被动地突破各种"旧我"边界的速度提升了，实现了更多时空下"新我"的态、势、感、知之间的相互作用。它使得数据与信息（有价值的数据）、知识更加有机地结合在一起，甚至出现了"数＋信＋知"的新型混合输入形式，进而使得知识图谱（知识就是用理性区别事物的是非曲直，鉴于知识忽略了对感性的使用，所以知识图谱仅是局部的理性世界反应）中的对象、属性、关系从静止不变的标量变成了随机动态的矢量，并不断衍生出新的知识、活的知识来。未来智能传播的最优存在形态可能不是个别的传播平台，而是系统网络性的平台，更有可能是横跨不同人-机-环境系统的综合联动体系，并且该体系还会不断地自主优化升级。

　　智能传播中人-机-环境系统融合的关键还将包括：一多分有灵活弥聚的表征达成、公理与非公理混合的推理方式、直觉与"间觉"交融的决策机制。首先，通过人的价值取向有选择地获取各种数据，在这个输入过程中融合客观数据与主观信息，并结合人们的先验知识和条件；其次，在人机信息/数据融合处理过程中，人加工的非结构化信息框架（如自然日常语言）会渐变为结构化，而机处理的结构化数据语法则会趋向非结构化，这个过程不但要使用基于公理的推理，还要兼顾非公理性的推理（如情感、意向性等），以使得整个智能传播过程更加缜密合理且富有人性化；最后，在决策输出阶段，由人脑中的若干记忆碎片与感觉接收到的信息综合在一起，跳过逻辑层次，并直接将这些信息中和的结果反射到思维之中，形成所谓的"直觉"。而其结果的准确程度，在很大程度上取决于一个人的综合判断能力。机器则是通过计算获得的结果——"逻辑"进行间接评价。这种把直觉与"间觉"相结合的独特决策过程，将是人机融合智能传播输出的一大突出特点。

　　人际交流的语言是能指与所指混合的复合载体，而目前的人机交互只能指向单一通道，这就导致了当前的智能传播还没有出现弦外之音和言外之意。也许在不远的未来，人机智能传播会在能指和所指之间形成一种"能所＋所指"的折中交互方式，以利于联系人与机的智能传播体系发展。

　　另外，当前人机融合的智能传播面临的一个难题是：如何在多样性中寻求一致性表达？

　　人既有确定性的一面，也有不确定性的一面，机（机器、机制）同样如此，如何把不确定性的一面转为相对稳定的确定性加以使用，这是智能传播中人机融合的一个重要问题。人的确定性＋机的确定性比较好理解，人的不确定性＋机的确定性、人的确定性＋机的不确定性、人的不确定性＋机的不确定性难度会依次递增，解决这些问题的过程就是智能传播中人机之间有机融合的过程。

更重要的是，在智能传播过程中，人类的学习不但能建立起一种范围不确定的隐性知识，还能建立起一种范围不确定的隐性秩序／规则，人因此所起的作用是"创造意义"，而非"获得意义"。虽然机器学习也可以建立一定范围的隐性知识、秩序，但这种范围比人类学习建立的范围要小得多，而且可解释性更差，容易出现理解盲点。知识的默会性足已造成很多不确定性，规则的内隐则使得交互复杂加倍。而其根源主要在于智能传播过程中各个交互对象（人、机、环境）具有"自己能在不确定和非静态的环境中不断自我修正"的能力。

2018 年 8 月 11 日，诺贝尔经济学奖获得者托马斯·萨金特（Thomas J. Sargent）在世界科技创新论坛上表示："人工智能其实就是统计学，只不过用了一个很华丽的辞藻。"在智能传播过程中，这表现在构成人工智能＋传播的两大基础：人类和机器的感知／推理根本上都是统计概率性的，即各种归纳、演绎、类比等逻辑推理过程中存有大量的漏洞和缺失，所以归纳、演绎、类比等推理机制都有升级的空间和余地。

简而言之，要解决智能传播中人机融合问题首先要打破各种认知惯性，突破传统的时空关系，进而把人、机各自的感知图谱、知识图谱、态势图谱融合在一起思考。

二、人机主播融合

恩格斯在《路德维希·费尔巴哈和德国古典哲学的终结》中曾不无深意地说道："全部哲学，特别是近代哲学的重大的基本问题，是思维和存在的关系问题。"其实这不仅是近代哲学的重大基本问题，对智能传播而言，这也是极其重要的基本问题。哈耶克在其 1952 年出版的名著《感觉的秩序》（*The Sensory Order*）一书的序言中也曾写道："完全解释我们心智形成的外部世界图景的不可能性，意味着永远不可能完全解释'现象的'外部世界。"这段话说明了思维问题的重要性，进而深刻地揭示了人类思维的难解释性和存在的不稳定性。18 世纪，英国哲学家大卫·休谟在《人性论》中提出一个著名问题，简称休谟问题，即所谓从"是"能否推出"应该"，也即"事实"命题能否推导出"价值"命题。这个问题在西方近代哲学史上占据重要的位置，许多著名哲学家纷纷介入，但终未有效破解。如果说休谟问题中的事实（being）是很难推出价值（should）来的，那么，人机的结合则可以打破这个困扰多年的哲学和智能命题：人的意向性认知所形成的价值观与机器形式化计算产生的事实性交互所迸发出的火花，足以照亮主客观之间黑暗的通道。

1968年图灵奖获得者理查德·哈明就说过："计算的目的不在于数据，而在于洞察事物。"计算机的本质就是通过数理反映心理和物理规律。玻尔也说过："完备的物理解释应当绝对地高于数学形式体系。"认知的核心是智能，是洞察事物，所以计算属于认知，但认知不等同于计算。智能传播的目的也不在于数据，而在于洞察事物，其中人机融合就是要自然地生成这种洞察机制，进而实现人类通过符号和媒介交流信息以期发生相应变化的活动。

从知识角度看，波兰尼曾把知识分为显性知识（explicit knowledge）和隐性知识（tacit knowledge）两大类。显性知识可以表述，属于格式化的符号系统；隐性知识可以体验领悟，属于非格式化的意念系统。借用麦克利兰的"冰山模型"一词，我们不难看到，在人类知识中，科学部分（尤其是技术）在水面上，必定是显性的，可考核衡量；人文部分在水面下，是在显性中包含的隐性，其价值由隐性知识决定，是不可衡量的，其最核心部分在无意识层次，当事人自己都难以觉察。隐性知识在技术层面为"秘诀"，在认知层面为心智。人机思维可以在发现和体验显性知识、隐性知识结合方面起到重要作用。对智能传播而言，无论是显性知识学习还是隐性知识理解，都不外乎是为了精确地感知、正确地推理和准确地预测，这就涉及一个大家司空见惯又望之兴叹的智能核心概念之一：态势感知。

通过研究我们发现，态，形也；势，上也；态势，形而上，道也；感，觉也；知，察也；感知，觉而察，可道也；态势感知，道可道非恒道也（默会的道）；深，大也；深度态势感知，即大道无形也。弗雷格曾区分了观念（ideas）和含义（senses）两个概念的含义，他认为观念是心理的、主观的和私人的，本质上不能用于交际，因此不是通过语言交际所公用的共享意义的一部分。他还认为，一起构成思想的含义与人类心理没有关系，是远离主观的。含义和思想是非心理的、公用的、客观的，并且可用于交流的，它们都能成为语言表达的意义。这一区分是达米特所谓的"从心智中挤压出思想"，它实际上也是所有欧美语言哲学的根由。摆脱心智的思想是客观的，它们可以根据与世上事物的直接对应关系加以描述。态势感知中最困难的两部分，一是如何把主观私人心理的"势"（如生成、传播"围魏救赵"之势）转化为客观公用非心理的"态"（如围、魏、救、赵的各种状态参数）；二是如何把主观私人心理的"知"（我与赵、魏之间的关系）变换成客观公用非心理的"感"（围、救所需要的数据/信息）。

《孙子兵法》中说"故善战人之势，如转圆石于千仞之山者，势也"。智能传播中的深度态势感知关键在于三处：一是深，二是知，三就是势，所以深度态势感知可以简称为深知势。这里的势不是指状态（参数）的样子，而是指带有意图指向的加速度变化过程，就像那块千仞之山上的圆石一般。这种态势感知包括人的态势感知和机的态势感知两部分，对人而言，一般是态势交融，态中有势，势中有（新）态，感中有知，知中有感。在众多的智能传播情境中，人不可能什么都知道了再进行，如何以偏概全，以局部解全局，见滴水之冰而知天下之寒，窥斑知豹，以小映大，这是深度态势感知研究的瓶颈之一。深度态势感知同时体现在如何把平台、系统、体系各级别态势感知融合在一起，可控的智能传播是从势到态的管理，不可靠的智能传播是单纯的从态到势的感知。中文里的态势与英文不同，situation = state + trendy，态里的客观性、逻辑性更多，如车马炮、上下左右、天时地利等；势里的主观性、非逻辑更多，如塞翁失马、围魏救赵、人和众拥等。当然，人对相同态和势的感、知都会不太一样，而且人的态可能就包括了机器的势，已经进行了相应的预处理。目前，在智能传播中的人机融合过程中，态面临的困难是形式化符号如何准确地表征，势对应的瓶颈为意向性如何完整地抽象提炼，感遇到的麻烦在如何反身性主动获取，知直面的阻碍在于局部-全面关系的如何转换，以及人的态、势、感、知如何与机器的态、势、感、知相融相合。

三、传播中的智能

智能（包括人工智能），本质上是"人"学，就是从模仿人的智能开始，具体表现为：智能的输入是模拟人的各种感觉的信息处理传感器，处理是仿真人的各种推理方法，输出是效仿人的决策行为过程，而在整个智能程序中，最终还是人起作用、为人服务、向人学习。

智能的实质就是适应性交互（不一定是自适应，还包括他适应的混合），传播是指两个相互独立的系统之间，利用一定的媒介和途径所进行的有目的的信息传递活动。而传播的实质是一种信息分享过程，双方都能在传递、交流、反馈等一系列过程中分享信息，在双方沟通信息的基础上取得理解、达成共识。如果我们把两者结合起来看，智能传播的实质就是颠覆以往的交流交互方式，包括自我、人人、人物（机）、人物（机）环境等方面，历次革命，如蒸汽机、电动机、计算机（网络）、智能机、人＋机等都是如此。

智能传播的重点是人的变化而不是僵化，即加快了人的自否性（进化迭代的过程）和反身性（就是人与传播的相互影响），自否定（自由）和反身性（反思）构成了人机智能传播的人文性，包括能动的创造性。而机器没有自否性和反身性，但是人的态、势、感、知中都包含隐性的自否性和反身性成分。人可以既是又不是，是"关系"而不是"属性"。罗素曾希望通过对"既是又不是"的两个"是"字的语义区分来排除悖论、矛盾，比如说"苏格拉底是人""苏格拉底又不是人"（不等同于人），此中前一个"是"意味着具有某种"属性"，后一个"是"则意味着"等同"，两个命题讲的不是一回事，构不成逻辑矛盾。若"态"为"是"（being），那么"势"即"应"（should），从认识论角度看，"态"或"是"就是从描述事物状态与特征的参量（或变量）的众多数值中取其任意值，"势"或"应该"就是从描述事物状态与特征的参量（或变量）的众多数值中取其最大值或极大值。从价值论角度，"态"或"是"就是从描述事物价值状态与价值特征的参量（或变量）的众多数值中取其任意值，"势"或"应该"就是从描述事物的价值状态与价值特征的众多数值中取其最大值或极大值。

价值是智能传播中人机态势感知的核心，其体现的不是原有的产生过程，而是人-机-环境系统的共同作用生成的显性和隐性部分，而隐性部分更值得深思。抽象符号间的联系不能产生知识和意义，形式符号系统的语义解释和知识建构何以内在于系统而不依赖于人的定义，应该是未来智能传播研究的核心问题。势是（人、物、环境）各部分之间的一种价值秩序和结构，是一种主观方面的"内外相应"心理作用，所以有人说，"势不是事物本身的属性，它只存在于观察者的心里。每一个人心里见出一种不同的势"。不过，这并不否认势与对象的各部分之间的秩序和结构有关，只是肯定对象的形式因素要适应人心的特殊构造，才能产生势觉。势的本质为事物的杂多状态与它的内在本质的协调一致性表征。势产生的原则不在于客观的规则逻辑和状态的概率计算，而只在于个性方面中有意义和显出特征的东西。其最高原则是从显出特征的东西开始，达到意蕴——小信息、弱概率的大反映、强运筹，能够用感性表达理性，用虚拟诱导现实，用should实现being。总之，势是人们理念的感性价值显现。

四、法律约束下的智能传播

动物的智能更多是生理性的，人类的智能除了是生理性的之外，还有心理性和社会性。德国有句谚语"秩序是生命的一半"。生命的另一半就是非秩序。现代电工学中有个名词叫作"击穿"，就是在高电压下绝缘体会变成导体，人类也有一种逻辑击穿能力，即在一定的情境下，把理性的逻辑思维变成感性的非逻辑直觉行为。

在韦伯那里，道德被视作局限于一定时空情境中的德性，它不可能超越时空而凭借逻辑被证明为普适原则。在现代西方的法学和哲学中，普适主义对特殊主义，法律对德性，其实是一个最基本的分歧。

道德中的道是道路，德是得到，道德就是通往得到的道路；仁是人，义是应该。仁义道德就是人应该走向获得的路。实际上，是感知觉的一种深度概念抽象加工，是一种直觉化了的认知框架结构，是一种无意识化了的深度态势感知，即符合内在道德要求的刺激-反应快模式，而不是理性的刺激-选择-反应慢模式。

把数据变成信息的过程就是产生定向理解的过程，而把信息变成知识的过程就是更小范围的定向理解过程，这是一个聚合过程；反之，若把知识溶解为信息、把信息转化为数据的过程，就是一个泛化联系、弥散理解的过程。这一来一往就是一个弥散聚合过程（简称弥聚过程），人与外部世界交互的过程就是一个认知弥聚过程。

去掉数据的物理性是一个瞬间的极其复杂过程，其意义不亚于石头变猴的过程：把一个死沉沉转为一个活生生，把一个无价物化为有价值，把一个有限变为无限，把一个无味道生成有意义，翻天覆地、万象更新、一元复始，不可谓不巨大。这也是人类主观形成的过程，即人可以发现未来的动向并利用过去影响它现在的进程。犹如去掉人身上的动物性一般，不是简单的刺激-反应，而是刺激-选择-反应，中间的那个选择就是主观产生的源头，智能也许就是人性-非动物性。

感/知的不是该物的自然属性之和，而是展现着该物的时间性、历史性的"意义"。"界限"是为了让交互变得更有秩序，而规则、概率、知识、信息、数据、规范、法律、道德都是这种"界限"的秩序表达方式。例如，对于"张三把李四打了，他进了医院"与"张三把李四打了，他进了监狱"这两个事实，就存在着人机不同的理解"界限"，某域的"态势感知"在服从于局部的"界限"，遵守了某一种"秩序"，才能进入另一个时空中的"界限"。那种建立"统一""跨域"的理想状态，其实就是打破局部领域的"界限""秩序"，这便成为"深度态势感知"。

随着科技发展以及人工智能技术的不断完善，不在久的将来，人们将很容易"操纵信息"。在军事领域，信息操纵并不是什么新鲜事，但如今的不同点在于，随着科技发展，信息操纵的规模会更大。法国《欧洲时报》2018年9月6日报道称，法国国防部在当地时间9月4日发布的一份报告中指出，信息操纵的规模变大将造成极大的混乱。法国武装力量部长弗洛朗丝·帕利表示"整个社会和政治体制都有可能被撬动"。报告尤其提醒注意图片、音频和视频编辑软件带来的威胁，称这些软件"能让任何人讲出任何话，而且不容易辨识"。该报告指出，通过数码修改视频中的人物面部，按照修改人的意愿，让他们讲话或做事，这样的加强版假视频已经达到了极高的可信度。报告还指出，修改公众人物的言论将变得很容易，并能发送20多个修改后的版本跟真的混在一起，这将能产生混淆视听的效果。报告预计，因为制作成本低，而且被抓住的风险也低，操纵信息的行为会越来越多。显然，"界限"是让这个世界更有秩序，而"自我"有必要服从于这一个"界限"，即在遵守某一种"秩序"的情况下，才能进入另一个时空中的"界限"。

在哈耶克的浩繁著述中，也许"自发秩序"四个字最为重要。重要在哪里呢？自发秩序是社会秩序的主要源泉，也就是说，社会秩序是自发产生的，而不是人为创造的。想象一下远古时期，没有国家，也没有今天这么复杂的社会秩序，质朴的人类只根据对自己是否有利来决定行为，他们在长期的互动和磨合中形成了习俗和惯例（如家庭之礼或乡规民约），这就是最初的社会秩序。习俗和惯例的特点是，它们是人民群众创立的。当然现代意义上的"自发秩序"已非彼时的"自发秩序"，人类经历了思想启蒙、文艺复兴、工业革命、智能萌动等过程，这些变化已使得哈耶克曾划分的"人之行动"和"人之设计"开始了混合、融接：几乎所有习俗或惯例既包括人们有目的创立的，还包含他们的"非目的行动"。当前，所谓"人为"不仅是指人的行动，还指人的设计。正如，人类感觉的秩序是"自然＋人工"的一样，人的非目的的行动也是"自然＋人工"的。立法机关不但要发现法律，还要积极创造更人性化的法律。海德格尔有句名言，叫"不是我说话，而是话让我说"。这里的"话"，不能从普通语言学意义上来理解，不是语言学的形式规则，也不是语言学的意义，而是有内容（什么）的"话"。在现在与未来的智能时代，说话与话说一定要紧密地与实际情况有机结合，智能传播的法律法规才能顺势而为、自然制定，进而更好地保障整个社会秩序和自由的秩序。

第九章
机器人之惧

　　机器人被誉为"制造业皇冠顶端的明珠"，集机械、电子、传感、人工智能等多学科先进技术于一体。人工智能是机器人的智能来源，而机器人则是人工智能在军事、工业、民用等多领域应用的重要载体。人工智能技术与机器人技术的融合发展，共同推动了人类社会生活方式的变革。

进入 21 世纪，工业机器人的发展逐渐趋向成熟，与此同时，仿人机器人、仿生机器人、家用机器人等也都取得了重要进展，而服务机器人由于持续快速发展，受到越来越多的关注。与军事、传播等领域不同，智能机器人本身建立在人工智能构想的基础上，向着更加贴近人类的方向发展。随着人工智能的发展，机器人发展自然得到更快的崛起。

我国《国家中长期科学和技术发展规划纲要（2006—2020 年）》中对智能服务机器人给了明确的定义：智能服务机器人是在非结构环境下为人类提供必要服务的多种高技术集成的智能装备。该文件也将服务机器人确定为未来有新发展的战略高技术。与工业机器人不同，服务机器人是不具有工业自动化应用，且为人类或设备执行有用的任务的机器人。它的用途十分广泛，一般包括专业服务机器人和个人 /家庭服务机器人。

根据国际机器人联盟（International Federation of Robotics，IFR）的数据统计，个人服务机器人的市场增长迅速。仅在 2017 年，个人服务机器人的总数量增加了 25%，达到约 850 万，市场价值增加了 27%，达到约 85 亿元人民币，可见服务机器人的市场十分广阔。无论是在专业服务领域还是在家庭服务领域，都有非常多的应用，如专业服务领域的医疗辅助机器人、疾患护理机器人、危险任务辅助机器人、监视安保机器人等，以及家庭服务领域的清洁机器人、助手管家机器人、生活辅助机器人等。产业化、模块化、家庭化将成为未来服务机器人的发展趋势，未来服务机器人会走入更多的普通人家庭，逐渐成为人们生活中不可或缺的部分。

在仿人机器人方面，日本本田公司于 2000 年发布了首款仿人机器人阿西莫（ASIMO），经过不断改进和升级，2011 年版 ASIMO 已经可以同时与多人进行对话，遭遇其他正在行动中的人时，ASIMO会预测对方的行进方向及速度，自行预先计算替代路线以免与对方相撞。ASIMO 可以步行、奔跑、倒退走，还可以单脚跳跃、双脚跳跃，也可以在稍微不平的地面行走，甚至能边跳跃边变换方向，奔跑速度可以达到 9 千米 / 时。它的手可转开水瓶盖、握住纸杯、倒水，甚至可以边说话边以手语表现说话内容。

其他的人形机器人还有很多，例如波士顿动力公司 2013 年发布的双足人形机器人 Atlas，它有 4 个由液压驱动的四肢。Atlas 由航空级铝和钛材料建造，身高约 6 英尺，重达 330 磅 [①]，蓝光 LED 照明。它配备了两个视觉系统：一个激光测距仪和一个立体照相机，由一个机载电脑控制。它的手具有精细动作技能的能力，它的四肢共拥有 28° 的自由度。虽然 2013 年的原型版本被系链到外部电源来保持稳定，但 Atlas 机器人可以在崎岖的地形行走和攀登且独立使用其胳膊和腿。Atlas 还参加了由美国国防高级研究计划局举办的机器人挑战赛，一同参加比赛的还有很多其他研究团队研发的人形机器人，它们都具有很高的研究水平。

在仿生机器人方面，与 Atlas 同出自波士顿动力公司的四足仿生机器人 BigDog 同样取得了巨大的成就。它没有车轮或者履带，而是采用四条机械腿来运动。机械腿上面有各种传感器，包括关节位置和接触地面的部位。它还有一个激光回转仪，以及一套立体视觉系统。BigDog 长 1 米，高 0.7 米，重 75 千克，几乎相当于一头小骡子的体积。目前能够以每小时 5.3 千米的速度穿越粗糙地形，并且负载 154 千克的重量。它能够爬行 35° 的斜坡。其运动是由装载在机身上的计算机控制的，这台计算机能够接收机器上各种传感器传达的信号，导航和平衡也由这个控制系统控制。

在医疗机器人方面，2000 年左右研制成功并使用的达·芬奇外科手术系统（Leonardo Da Vinci surgical robot）是一种高级机器人平台，它可以通过使用微创的方法，实施复杂的外科手术，由三部分组成：外科医生控制台、床旁机械臂系统和成像系统。达·芬奇手术机器人的使用，使手术精确度大大增加，患者术后恢复加快，并减少了医护人员的工作量。

---

① 1 磅 ≈ 0.45 千克。

在家用服务机器人方面，自 20 世纪末研制出第一台扫地机器人以来，已经取得了巨大的发展，是服务机器人领域产业化程度最高和应用最多的机器人，其技术也从之前的随机清扫方式进化到路径规划式清扫，为人们的生活带来了巨大的便利。

一、人工智能与机器人

机器人特别是未来的智能机器人，不应仅是信息、控制、生物、材料、机械等科学技术的融合与结晶，而应该是集科技、人文、艺术和哲学为一体的"有机化合物"，是各种"有限理性"与"有限感性"叠加和激荡的结果。未来智能机器人的发展与人工智能密不可分，同时，人工智能也是制约当前机器人科技发展的一大瓶颈。

与机器人一样，人工智能也"有一个漫长的过去，但只有短暂的历史"，其历史可以追溯到文艺复兴时期，17 世纪，莱布尼兹、托马斯·霍布斯和笛卡儿等人开始尝试将理性的思考系统化为代数学或几何学那样的体系，这些哲学家已经开始明确提出形式符号系统的假设，而这也成为后来人工智能研究的指导思想。19 世纪，剑桥大学的查尔斯·巴贝奇建造差分机，开始尝试用机器来自动进行数学运算。第一次世界大战、第二次世界大战大大加快了人工智能发展的进程，图灵机的提出激发了科学家们探讨让机器人思考的可能。1956 年达特茅斯会议断言，"学习的每一方面或智能的任何其他特性都能被精确地加以描述，使得机器可以对其进行模拟"，这把人工智能领域的研究范围扩展到了人类学习、生活、工作的方方面面。目前人工智能不但包括生理、心理、物理、数理等自然科学技术领域的知识，而且涉及哲学、伦理、艺术、教理等人文艺术宗教领域的知识。

1997 年 5 月 11 日，国际商业机器公司"深蓝"击败了国际象棋世界冠军卡斯帕罗夫，证明了在有限的时空里"计算"可以战胜"算计"，进而论证了现代人工智能的基石条件（假设）：物理符号系统具有产生智能行为的充分必要条件是成立的。2016 年 3 月，Google AlphaGo 在首尔以 4∶1 的比分战胜了围棋世界冠军李世石，更是引发了人工智能将如何改变人类社会生活形态的话题。当前人工智能的概念似乎有些过热，虽然过去几十年中人工智能已经取得了令人瞩目的成就，但实际上我们发现现在人工智能都还仅能应用在诸如语音识别、图像识别、自然语言处理等单一领域，当前人工智能水平的提升还只是量变，远远没有达到质变的标准。

人工智能是人类发展到一定阶段自然产生的一门学科，包括人、机与环境三部分，所以也可以说，人工智能是人-机-环境系统交互方面的一种学问。在饱含变数的人-机-环境交互系统内，存在的逻辑不是主客观的必然性和确定性，而是与各种可能性保持互动的同步性，是一种可能更适合人类各种复杂的艺术过程的随机应变能力，而这种能力恰恰是当前人工智能所欠缺的地方。

当前人工智能研究的难点不仅在具体的技术实现方面，更多的是在深层次对认知的解释与构建方面，而研究认知的关键则在于自主和情感等意识现象的破解。然而，由于意识的主观随意性和难以捉摸等特点，与讲求逻辑实证和感觉经验验证判断的科学技术有较大偏差，使其长期以来难以获得科技界的关注。但现在情况正在逐渐发生转变：研究飘忽不定的意识固然不符合科技的范畴，但把意识限制在一定情境之下呢？人在大时空环境中的意识是很难确定的，但在小尺度时空情境下的意识可能是有一定规律的。

实际上，目前以符号表征和计算的计算机虚拟建构体系是很难逼真反映真实世界的（数学本身并不完备），而认知科学的及时出现不自觉地把真实世界和机器建构之间的对立统一了起来，围绕是、应、要、能、变等节点展开融合，进而形成一套新的人-机-环境系统交互体系。

二、莫拉维克悖论

制约当前机器人发展的另一瓶颈是莫拉维克悖论。

在机器人的发展中发现了一个与人们常识相左的现象：让计算机在智力测试或者下棋中展现出一个成年人的水平是相对容易的，但是要让计算机有如一岁小孩般的感知和行动能力却是相当困难甚至是不可能的。这便是机器人领域著名的莫拉维克悖论（Moravec's paradox）。

　　莫拉维克悖论由汉斯·莫拉维克（Hans Moravec）、罗德尼·布鲁克斯（Rodney Brooks）、马文·明斯基等人于20世纪80年代提出。莫拉维克悖论指出，与传统假设不同，对计算机而言，实现逻辑推理等人类高级智慧只需要相对很少的计算能力，而实现感知、运动等低等级智慧却需要巨大的计算资源。

　　语言学家和认知科学家史蒂芬·平克认为这是人工智能研究者的最重要发现，在《语言本能：人类语言进化的奥秘》（*The Language Instinct: How Mind Creates Language*）这本书中，他写道：经过35年人工智能的研究，人们学到的主要内容是"困难的问题是简单的，简单的问题是困难的"。4岁小孩具有的本能，如辨识人脸、举起铅笔、在房间内走动、回答问题等，事实上是工程领域内截至目前最难解的问题。随着新一代智能设备的出现，股票分析师、石化工程师和假释委员会都要小心他们的位置被取代，但是园丁、接待员和厨师至少十年内都不用有这种担心。

　　与之相似，马文·明斯基强调，对技术人员来说，最难以复刻的人类技能是那些无意识的技能。总体上，应该认识到，一些看起来简单的动作比那些看起来复杂的动作要更加难以实现。

　　在早期人工智能的研究中，当时的研究学者预测在数十年内他们就可以造出思考机器。他们的乐观部分来自于一个事实，他们已经成功地使用逻辑来创造写作程序，并且解决了代数和几何的问题，以及可以像人类棋士般下国际象棋。正因为逻辑和代数对于人们来说通常是比较困难的，所以被视为一种智慧象征。他们认为，当几乎解决了"困难"的问题时，"容易"的问题也会很快被解决，如环境识别和常识推理。但事实证明他们错了，一个原因是这些问题其实是难解的，而且是令人难以置信的困难。事实上，他们已经解决的逻辑问题是无关紧要的，因为这些问题是非常容易用机器来解决的。

　　根据当时的研究，智慧最重要的特征是那些困难到连高学历的人都会觉得有挑战性的任务，如象棋、抽象符号的统合、数学定理证明和解决复杂的代数问题。至于四五岁的小孩就可以解决的事情，如用眼睛区分咖啡杯和一张椅子，或者用腿自由行走，又或是发现一条可以从卧室通往客厅的路径，这些都被认为是不需要智慧的。

在发现莫拉维克悖论后，一部分人开始在人工智能和机器人的研究上追求新的方向，研究思路不再仅仅局限于模仿人类的认知学习和逻辑推理能力，而是转向从模仿人类感觉与反应等与物理世界接触的思路设计研发机器人。莫拉维克悖论的发现者之一罗德尼·布鲁克斯便在其中，他决定建造一种没有辨识能力而只有感知和行动能力的机器，并称之为 Nouvelle AI。虽然他的研究早在 1990 年就开始，但是直到 2011 年其 Baxter 机器人还是不能像装配工人那样自如地拿起细小的物件。

莫拉维克悖论对应的是机器人的运动控制和感知系统，而人工智能对应于机器人的控制和信息处理中枢。如果把人工智能对应于机器人的大脑，那么，莫拉维克悖论对应的运动控制和感知系统则对应于机器人的小脑。只有大脑与小脑系统发展，机器人才能更好地为人类服务。

三、机器人的社会问题

1. 安全性问题

机器人作为一个设备为人类工作服务有一个前提，那就是安全。在工业机器人领域已经有了相对完善、成熟的安全标准体系，而在服务机器人领域各国都缺乏相应的安全标准，国际标准化组织于 2014 年 2 月正式发布了 ISO 13482 安全标准，这是服务机器人领域的第一个国际安全标准，是一个良好的开端，ISO 13482 安全标准包含移动仆从机器人、载人机器人、身体辅助机器人三大类服务机器人的基本安全要求。

服务机器人的安全不仅包括传统的硬件安全（如电气安全等），还包括软件安全，机器人的软件安全与人们熟悉的计算机软件安全不同，虽然计算机软件失控或遭受攻击后也会导致严重的损失，但它仅存在于虚拟空间，不会直接对物理世界产生作用。但机器人系统的软件安全则不同，机器人的软件系统可以控制其硬件系统做出各种动作，会对真实物理空间产生直接影响，一旦自身失控或遭受攻击被人控制，可能就会对使用者造成直接的人身伤害。目前，针对机器人软件安全的研究还比较少，也没有机器人专用的安全防护软件或方案，这可能会导致极大的安全隐患，应引起人们的重视。

2. 恐怖谷理论

1970 年，日本机器人专家森正弘（Masahiro Mori）提出机器人领域一个著名的理论——恐怖谷理论（the uncanny valley），"恐怖谷"一词最早由恩斯特·詹池（Ernst Jentsch）于 1906 年在其论文《恐怖谷心理学》中提出，后又于 1919 年被弗洛伊德在论文《恐怖谷》中阐述，成为心理学领域一个著名的理论。森正弘的恐怖谷理论是一个关于人类对机器人和非人类物体感觉的假设。

森正弘的假设指出，随着机器人在外表、动作上与人类越来越像，人类会对机器人产生正面的情感；但若到了某一特定程度，人类对机器人的反应会变得极为负面。哪怕仅仅是很小的一点差别，都会使人觉得非常刺眼，甚至使整个机器人显得非常僵硬恐怖，使人有面对行尸走肉的感觉。但是，当机器人与人类的相似度继续上升时，直至达到普通人之间的相似度时，人类对机器人的情感反应会再度回到正面。

"恐怖谷"一词用以形容人类对与他们相似到特定程度的机器人的排斥反应。而"谷"就是指在"好感度对相似度"的关系图中，在相似度临近 100% 时，好感度突然坠至反感水平，回升至好感前的那段范围。

3. 机器人威胁论

"机器人威胁论"伴随着机器人发展的始终，其历史甚至比现代机器人还要长。早在 1921 年，卡雷尔·恰佩克（Karel Capek）提出"机器人"（robot）一词的那部剧本的结局就是机器人反抗并消灭了人类。后来，"机器人威胁论"更成为科幻小说或科幻电影永恒的题材之一。最近几年，科技领域的很多领军人物纷纷警告机器人或人工智能将会带来的威胁，著名企业家艾隆·马斯克认为人工智能的危险性甚至大于核武器。物理学家霍金则警告说，人工智能可能会招致人类末日。就连鼎鼎大名的比尔·盖茨也建议要小心管理数码形态的"超级智能"。

但现实是，目前的机器人技术距离真正的"智慧"还差得很远，已有的所谓"智能机器人"几乎都是表面性的，主要还是以科研或娱乐为主。目前大规模产业化的基本只有工厂里的机械臂和家里爬行的吸尘器。如果把机器人智能水平分成四个等级：功能、智能、智力、智慧，那么，目前的机器人大部分都处在功能阶段，有少部分实验室产品可能达到智能层次。终结者们还只不过是好莱坞电影里面的角色而已。

现在，无论是小说还是电影中，科幻世界还是我们所在的物理世界，机器人都越来越聪明了，越来越有"人性"了，在一些方面逐渐接近人类，在另一些方面则逐渐超越人类。于是，人们越来越担心科幻电影中的世界有一天会变成事实，但抛去所有的幻想与浮躁，真实的情况到底是怎样的？纵观历史，每次新技术的出现都会引起人们的恐慌与反对，但我们不是每次都安然度过并开始享受这些技术带来的便利了吗？从远古的刀、箭到现在的汽车、飞机、核能，这些都是工具，其本身并没有善恶属性，真正能决定其用途或善恶的，是背后的使用者。一项新的技术，如果对人们的帮助远大于危害，那我们就应该正面、积极地对待它，防范可能的不当使用，然后继续向前进。

四、人与机器人的未来

有人说，机器人是个哲学问题，在某种程度上是有道理的，因为"我们能否在机器身上再现人类的智能"和"我们能否与真正的智能机器人和平相处"，某些意义上这不仅是技术问题，还是哲学问题。当今乃至可见的未来，人与机器人之间的关系不应该是取代而是共存，未来的世界可能是人与机器人共在的时代：相互按力分配、相互取长补短，共同进步，相互激发唤醒，有科有幻，有情有义，相得益彰……

第十章
智能：数与理，矛与盾

　　智能是不是就是数理逻辑？不完全是。笔者认为，智能不应该只有形式化的数理逻辑，应当还包含着意向性，以及很多数学之外的东西，如辩证逻辑、价值、矛盾等。

在人工智能的应用如雨后春笋般涌现之后，我们依然需要静下心来，对人工智能的发展之路进行思考。智能与数理逻辑、智能与哲学，以及智能发展中的伦理问题，都是我们需要思考的问题。

一、智能与逻辑

人是默会（黑）的，机是显性（白）的，人机融合智能就是太极图，不断运动且相互转化，环境（包括伦理）就是促使其不断转化运动的动力，生生之谓易。人、机、环境（包括伦理、商业、社会、自然、科技环境）三者之间就是石头、剪子、布的关系，人造机，机改变环境，环境塑造人。

正如国际象棋是批判（越下越少），围棋是建构（越下越多）一样，西方哲学常常是批判，欧洲在没有找到科学之前（包括出现科学之后），曾长时间对东方思想很感兴趣。东方思想往往是建构，从《易》中的"阴阳"到《道德经》中的"有无"再到《孙子兵法》中的"虚实"莫不如此。《易》除构造了定性推理分析的阴阳鱼辩证思维之外，还建立了定量计算的八卦形式化符号系统，并且深深影响了西方哲学，较易融于东方的传统思想体系。

尽管不少人认为人工智能重在数学与算法，但实际上，也正是数学与算法的缺点阻碍了人工智能的发展，维特根斯坦曾对此指出："总有一天出现包含有矛盾的数学演算研究，人们将会真正感到自豪，因为他们把自己从协调性的束缚中解放出来了。"尤其是当代数学的不完备性需要非数学来弥补，哲学体系中的逻辑理论在数学的底层可以进行弥补完备，如形式逻辑可以进行外延思维规定和外延关系弥补，而辩证逻辑可以进行内涵思维规定和内涵关系的完备。

如果有人问：辩证逻辑是什么？是否可以比较简略地说说？那么不妨这样看，辩证思维逻辑就是可以灵活表征、非单调推理、直觉决策、随机应变，准确有效及时处理人-机-环境复杂系统问题的一种思维方法，它不是仅用具有约束边界条件的形式化方法（如专家系统、知识图谱等）计算世界，因为形式化方法失去了认知的弹性。辩证思维可以产生人的洞察机制，如塞翁失马。它是一种开放逻辑，把时序和极限有机地统一，实现事实、归纳、猜想与反驳序列、价值的一致化。

还有人认为"传统的逻辑一致性是形式系统的基本要求。否则，a 是定理，非 a 是定理，则 a 且非 a（矛盾）是定理。若 a 且非 a 是定理，则一切都是定理。当然，现在有人研究 paraconsistent logic（限制矛盾推出一切），自称它就是辩证逻辑。总之辩证逻辑研究进展不大，甚至是一笔糊涂账。"可是世界太奇妙了，除了是、非之外还有"是非"存在，既是又不是。"是不是"现象可能就是辩证思维的根吧！矛盾永远同时存在，既对立又统一，否定之否定，量变质变等辩证思维是久经考验的思想核心。

在东西方世界的科技界、演艺圈和消费主义概念中，文化科技大部分都与盈利挂钩，而且不幸的是，在利润面前，传统与伦理道德往往消失得很快。

相较于西方人的真假智能逻辑，东方人的智能与伦理思想更看重是非之心。

二、智能的拓扑不是数学的拓扑

智能有逻辑关系和非逻辑关系，而采用数学的计算符号恰恰忽略了这些，如加减乘除都反映不出蕴含和情理（喜欢）的关系。但是绝大多数人就是在这样的数理规则下训练出来的思维，失去了自然的弹性和游刃。实际上，根据一个形式化系统来分析某个真实机体，一般都将导致对该机体部分信息的丧失，这也从另外一个角度反映了数学（或者说当前数学）的不完备性和局限性。

每一个概念都有它所不能包含的部分，这也是人类智能的厉害之处（也是人类不厉害之处）。尽管它可以"学习"，但知识图谱很难实现知识之外的图谱。当前的智能只是在尽力实现语文的数学化，其实智能更重要的是数学的语文化。

如果说人类造字是语言表征的封装积累，那么人类造智实际上是思想意识的拓扑延展，而不是数学拓扑。形式化系统只能近似反映它，但终究难以取代它。意向性是联结事实与价值、真善美的唯一桥梁，形式化可以某种程度地实现这种意向性。真善美都是以一种有限来反映无限，智能是一种有限感性和理性的适应性存在。

数学的计算符号忽略了什么？应该是逻辑关系和非逻辑关系，试图单纯用数学手段（包括其拓扑）搞定智能问题的想法如同用大数据方法搞定智能问题一样，都将是沙基建塔、缘木求鱼、空中楼阁、海市蜃楼……

自从人类诞生以来，数学的作用便有目共睹，在此就不再赘述了。然而，数学的局限和不足大家聊的却不是很多，下面针对这个问题简单阐述一下。

虚拟训练容易导致知识僵化和应对突发情况能力的缺失。从中不难看出，人机融合不仅是脖子以上的问题，还有脖子以外的问题，虚拟可以的现实不一定可以，仿和真不是简单的一一映射关系，智和能相差的也不是一星半点……这些涉及的远非计算和现有的数学所能驾驭的，需要更新的工具出现。其实，数学对此也很尴尬，很多问题根本不是数和图能解决的，正如那些声称包治百病的药一样，若要一直声称能有怎样的效果，最好远离它……

人们尝试用正确率和似然度去表征一些事物，但仍不尽如人意，未来的学科或许会有更好的指标出现，如用两者（正确率和似然度）的融合表示李小龙的截拳道，如何用最直接的方式解决格斗中的问题，其中的直接并不是真正意义上的直接，而是整体性的直接，得失奖惩绝不是类机器的强化学习机理，而是涉及意向性的弯曲，这种弯曲也是数理难以描述清晰的现象。维特根斯坦指出："总有一天会出现包含有矛盾的数学演算研究，人们将会真正感到自豪，因为他们把自己从协调性的束缚中解放出来了。"

有人说，意义就是走动着的概念，是行为实践中蕴含着的爸爸妈妈和不同年龄人说出的"床前明月光……"，数学对此也有局限，机明人暗，物是人应（非），人常（识）机规（则），打破常规就是要打破人机各自的局限，形成新式能力。人机融合不但是为了提高效率，而且包括减少不确定性，保障安全可靠性，以及增强舒适灵活性。

人处理信息、知识的速度要慢于机器处理数据、图形的速度，但人的跨域推理、想象、直觉又往往比机器的逻辑计算、匹配、搜索快得多，人机融合这些不同速度的过程，本身就很不容易，何谈有机流畅的计算心理呢？

在物理世界发现暗物质、暗能量之后，在生命世界可能革命性地开启了"暗信息"这一人类理性发现的"最新大陆"。单纯的感受不是智能，没有主动的觉和知，怎么会有觉知和智能呢？人的认知也不应是可以计算的，因为其中充满了非计算的事和情。

信念和意图的区别是：一个是从后往前看，一个是从前向后看；不过一个偏积极，一个偏中性；一个是无根据的臆，一个是有目的的猜。不少人正在计算意图，但没有人在计算信念，为什么？因为这还不是数学的势力范围。

多元的统一，正是中国古代哲学所谓"和"的体现。人机的"和"也不完全是数学，还有人学的因素在里面。

凡事都有生有灭，数学也不例外，取代它的学科正在路上……伦理不是个人产生出来的，而是群体产生的，智能也是如此，所以智能本质上是群体意向性的产物，包括数学也是群体意向性的产物。

个体智能与群体智能的区别是，个体智能的逻辑若是 $a>b$，$b>c$，则 c 不能大于 a；而群体智能的逻辑若是 $a>b$ 且 $b>c$，那么 c 可以大于 a。

人工智能源自形式逻辑框架，人类智能脉于辩证思维体系，人机融合智能的根本在于逻辑与非逻辑的思想结合：无论是非，只管正反，不止叠加，还有纠缠。

三、真实的智能是包含矛盾的

人们经常认为人-机-环境系统中各个部分是通过互补构成一个整体的，事实上，应是各个部分在整体构成中被组织成互补的，更可能是互补与被互补的关系。

帕斯卡说："我认为不了解整体就不可能了解部分，不清楚各个部分也不可能了解整体。"这意味着整体的属性是变化的，各个部分的属性更可能是变化的。系统整体性组织会对部分进行抑制、改造和约束，新的部分会生成新的整体。

一个智能系统想要形成和存在，其内部的构件在本性或运行规律上就必须拥有既相互吸引又相互排斥、既靠拢又闪避、既结合又分离、既统合又脱节的能力。在人机融合智能中，意向性是联结事实与价值、真善美的唯一桥梁，形式化可以某种程度地实现这种意向性。

实际上，人机融合智能和社会科学密切相关。就人机而言，人是什么呢？人就是一个心理和生理的结合体，具有群体社会性；而机器就是一个数理和物理的结合，它更多的是非社会性。为什么说是非社会性？因为它是人造出来用在社会上，达到某种改造环境的目的，它本身是人造物（没有社会性）。

人有一种习惯性错觉，即常常把暂时的东西看成永远的，比如标定、公理、统计、因果等，其实不然，有数理逻辑学者指出，集合论出现悖论，是因为在它的基本方法中有一个不可抵挡的"矛"，即任一集合 s 都可以扩大到一个更大的集合 $P(s)$。同时，其中还有一个能抵抗一切的"盾"，即它包含有一切集合的那个集合。显然，如果我们单独使用那个"攻无不克"的矛，或者单独使用那个"坚不可摧"的盾，那是不会出现逻辑悖论的。但在人类思维过程中不得不同时使用两者，由于思维过程中某些环节会出现互为因果的循环圈。所以"矛"和"盾"有了接触，导致了"以子之矛、陷子之盾"的悖论。

人、机、环境这三个事物之间是石头、剪子、布的关系：人造机器＋机器改造环境＋环境塑造人，其中环境不单是自然环境，还包括社会伦理环境、商业环境、科技环境等一系列的环境；机也不单单是指机器装备，还包括机制管理等；人也分很多种，如单人、多人等。就伦理而言，东方侧重是非之心，明辨是非可以为伦，甚至包括柔性的智；而西方的伦理讲究真假，还涉及刚性的科学和法律等，所以西方的伦理和东方的伦理在某种程度上还不太一样。西方更侧重于法，法制是很严格的、规范的、规则化的东西。所以，柔性的伦理和刚性的法律怎么结合的问题，也是东方和西方思想怎么融合的一个问题，也是人机的本质问题之一。例如，前段时间波音 737MAX 事故不断，就是典型的人、机、环境系统问题，包括技术的能力、市场的伦理、人的伦理、整个社会的伦理。简单地说，就是波音公司与空中客车公司竞争，为使用更大功率更省油的 LEAP 发动机，必须超越原始设计的安全极限，波音 737 MAX 没有重新实验设计，而是小改小造，为后来事故的发生埋下了伏笔。其中的 MCAS 软件逻辑设计不合理，简单来说，在单个攻角传感器测量有误时，MCAS 就专断独行，不论驾驶员如何处置，仍然坚持低头向下扎，结果造成了巨大损失，是一起典型的人、机、环境（商业）融合失效案例。实际上，所有的算法都是有缺点的，都是有边界约束条件的，都不是万能的，但是有一些商业机构，包括一些新闻媒体或是一些影视制作组织，让大家产生了科技无所不能的幻觉，这就造成了很不好的影响。客观而言，人机、智能都不是万能的，机器学习也不是真正意义上的学习，人类的学习能够造成一种范围不确定的隐性的知识和规则，就意味着他自己都不知道什么时候在什么地方用到曾学过的知识，机器的学习做不到。波音飞机的这个案例可以在哲学上引发更深刻的思考和讨论，因为美国的科学和技术是全球较先进的，都出现了这么大的问题，所以大家更应该对人-机-环境系统工程进行深入的思考和反思。

　　我国的科技界更应该好好反思，原因很简单，西方之所以有今天的科技成就，与其源远流长的哲学思考和分析密不可分，没有笛卡儿、莱布尼兹、康德、罗素、维特根斯坦、马赫，就很难出现牛顿、爱因斯坦、图灵、冯·诺依曼，西方科技也很难发展到今天这个程度，而且在引领世界。所以，笔者觉得我国的科技界应该认真地反思一下，应该尊重哲学，与哲学家交朋友，然后虚心地向哲学家学习，讨论一些真正的问题，才能让我们国家有一个较大的发展。在此，笔者还想强调研究科技一定要看它们的过去，忘记过去就意味着落后，过去是现代发展的线索，例如英国的计算机科学家、人工智能哲学家玛格丽特·博登（Margaret Boden），她很早就提出了人工智能的核心和瓶颈在于意向性与形式化的有机结合，时至今日仍未有突破，实际上这也是人机融合智能的困难之处。另外，需要指出的是，做通用智能虽然是一个非常好的理想，但是所有的智能都是有范围的，只在这个范围中它才能有效。就和药一样，所有的药都不是包治百病的，只在某个范围内才能有效，所以一定要注意其研究适用范围。

第十一章
智能：从哲学到大脑

　　我们可以上天入地，但要了解头颅内发生的事情却困难重重。几个世纪以来，人们从没有停止对意识问题的探索。无论是哲学、神经科学还是人工智能领域的专家教授，都对意识问题进行了深入思考：究竟意识是什么？它位于何处？如何理解意识与物质之间的因果关系？意识和智能之间又有什么关系呢？

马克斯·威尔曼斯（Max Velmans）曾经提出著名的意识五大问题：第一，意识是什么，它位于何处？第二，如何理解意识与物质之间的因果关系？第三，意识有什么功能？第四，与意识相关的物质形式是什么？第五，检测意识的最恰当方式是什么？可以这么说，这五大问题基本概括了所有意识研究的方向。但找到方向只是最初的一步，目前意识研究领域还属于"百花争鸣"阶段，如伯纳德·巴尔斯（Bernard Baars）等人提出的意识的全局工作空间理论，加来道雄（Michio Kaku）提出的意识时空模型，朱利奥·托诺尼（Giulio Tononi）提出的信息整合理论等，至今还没有大家公认的意识模型或理论。还有学者出于研究的难度或者其他种种原因，认为意识没有深入研究的必要，比如学者约翰·霍甘（John Horgan）曾悲观地预测人类永远不可能完全了解意识与心灵。

本章将总结意识研究领域的理论和实验成果，并着重探讨意识与脑、意识与智能之间的关系。

一、意识的哲学属性

哲学家似乎对意识问题情有独钟，在他们眼中，我们是谁，世界是什么，我和世界的关系等问题显得十分重要。在此，笔者试图从身心二元论、意识的涌现与还原论等方面来研究意识中的哲学问题。

1. 身心二元论

一元论与二元论问题历来是哲学家争论不朽的战场。一元论者认为物质与意识本质上是一种物质；二元论者认为实在由两种截然不同的事物构成，即意识和物质两者是分离的。

希腊早期哲学家赫拉克利特（Heraclitus）曾说：事物之间的平衡与对立使得宇宙成为一个统一的整体，世间万物都是由某种单独的基本过程或基本物质组成的，而这正是一元论的核心宗旨。

希波克拉底（Hippocrates）认为，脑是我们所有思想、感受和观念的基础。

柏拉图认为，人被分为两个部分，即肉身和灵魂，肉身掌管感官知觉，灵魂掌管理智。这为身心二元论的成立奠定了基础。值得一提的是，他的观点被《新约》吸纳，并在全世界广泛分享。

柏拉图的学生亚里士多德提出了质疑，驳斥了老师的人类灵魂独立性的观点，认为思维是肉体的形态或功能。

如果说柏拉图提出了二元论的雏形，那笛卡儿就是真正提出二元论的人。他提出：思维和身体永远是不同的实体。阿维森纳支持笛卡儿的学说，并说道：灵魂有别于肉体。

笛卡儿二元论一经提出，立即遭受到全世界哲学家的刁难与批评。阿奎纳曾经说：本我所思考的与本我通过感官知觉感知到的是完全一致的。哲学家吉尔伯特·赖尔（Gilbert Ryle）曾经说：二元论是一种"范畴错误"，并且将二元论者口中的自我称为"机器中的幽灵"，表明人类无须借助这一"幽灵"，照样能理解和生存于这个世界之上。其他哲学家指出，笛卡儿没有说明身体和思维的来源，只能求助于神来帮助，这样主观二元论又滑落到客观一元论的范畴之中，这是不可原谅的错误。

托马斯·霍布斯（Thomas Hobbs）也于1655年批判笛卡儿，认为其学说是毫无意义的。相反，他所著的《利维坦》认为人类是纯粹物理性的，心脏是一根弹簧，神经是一串串细绳，关节是轮子，上述部分共同工作令身体运作起来。他还认为，精神传递着身体所需的各种信息。

巴鲁赫·斯宾诺莎（Baruch de Spinoza）认为，人类可以了解两种属性：延伸的属性和思想的属性，因此被人们称为"二元属性主义者"。

乔治·贝克莱（George Bakley）为纯粹一元论者。他认为物质实体不存在，即使外在肉体存在，我们也无法得知。世界都是由观念组成的。梅洛·庞蒂在《知觉现象学》中说明心理和身体不是独立分开的个体，否定了二元论的观点。

威廉·詹姆斯（William James）认为，心智事件和物理事件并非是某个根本实体的不同方面，而仅仅是解析被觉知世界的不同方式。

约翰·埃克勒斯（John C.Ecclers）和波普尔在《自我及其大脑》中提出了三个世界的本体观，第一个世界是物理世界，第二个世界是意识世界，第三个世界是客观的文化与知识的世界。这也表明了他们的身心二元论的观点。

由此可见，二元论和一元论的观点均有着很鲜明的时代特点，而且很难分出孰是孰非。虽然身心二元论的观点在科学界被排斥在主流观点之外，但仍然广泛存在于宗教与文学作品中。身心一元论虽然被学术界与哲学界所广泛接受，但并没有详细阐明其中物质和意识的区别，究竟意识何去何从，这就涉及我们下面要讨论的涌现与还原的观点。

2. 意识的涌现与还原论

涌现与还原是一对逆过程。涌现指很多个单一要素组成整体系统后，出现了单个要素所不具有的性质和功能，即整体大于部分之和，其中整体相较部分简单相加多出的部分就是涌现性的体现。而还原则指系统的所有功能可以还原为组成系统的各个元素的功能。

20世纪初，布罗德（C.J.Broad）曾经说道：物质主义有三种，即激进、还原和涌现。激进者宣称意识根本不涉及任何事物，还原论者相信意识只不过是脑状态，涌现者相信意识是脑的高阶状态。

尤琳·普莱斯（Ullin Place）认为，一旦我们知道脑状态导致了意识体验，一个有意识的体验就可以被还原为给定的脑状态。

哈德卡斯尔（Hardcastle）认为，意识可以被还原，那些认为不可还原的理由是站不住脚的。

涌现的思想可以追溯到亚里士多德：整体不同于部分之和，与如今的涌现含义很是接近。约翰·霍兰德认为，涌现是复杂系统的属性之一。赖安（Ryan）则认为，涌现和认识论相关，不是从本体论的立场出发，这样会产生涌现不可知论。

19～20世纪，涌现这个问题集中在生命领域。生命的化学规律和物理规律令人疑惑，一个个小小的细胞究竟如何构成人体复杂的行为，又是如何让我们每个人都与众不同？随着弗朗西斯·克里克

（Francis Crick）等人破解了 DNA 的双螺旋结构，人们顿悟到一个小小的细胞竟然蕴含着这么复杂的结构。现在人们逐渐明白，生命是一种涌现现象，一切的生命现象皆来自身体内的分子与分子之间的相互联系。那么，意识是否也一样可以被还原呢？

举例来说，如果一个人相信意识的涌现性，那他必定会认为意识可以还原为各个神经元的相互作用。如果深入研究下去，那是否是只要神经元存在交互作用，就可以产生意识，还是应该存在一个意识涌现的临界点，超出这个阈值，就可以有意识。

本杰明·里贝特（Benjamin Libet）提出，意识是一个涌现场，有能力否决由脑前意识计划和准备的行动。

约翰·赛尔（John Searle）说道：意识是脑神经活动导致的，并且不过是这种活动的高阶，涌现的结果而已。

我国学者张世民也曾说：在任一具体情景内，从一切可能的刺激信号 S 到一切感觉事件 M 的集合，存在至少一个二元关系 R，可以定义心智结构 R 许可的行为集合 B。R 在 B 内任一子集进行选择，将所取的元素呈现给更高的心智结构（意识），这就是所谓的涌现。

除了涌现与还原外，还有一派学者相信，物质既不可还原，也不可涌现。代表人物为莱布尼茨，他曾说道：单子是简单的，没有组分。复合物是简单物的聚合。意识研究专家克里斯托弗·科赫（Christof Koch）也赞同这样的观点，他认为，意识是生命物质的根本属性，不可能源于任何其他物质。

在笔者看来，涌现这种说法显得有些随意，究竟如何取舍？何时取舍？舍弃的机制与原理是什么？这些最重要的问题并不能用一句涌现来表示。

无论是涌现论还是单子论，意识的来源问题始终没有得到解决。或许正如托马斯·内格尔（Thomas Nagel）曾经感叹的那样："正是由于意识，心身关系才使人倍感棘手……如果没有意识，心身关系问题将变得索然无味；而一旦有了意识，它又成为一个使人感到希望渺茫的问题。"

二、意识的脑属性

其实，在生物与神经科学领域，意识之谜一直是大家探索的焦点，正如苏珊·格林菲尔德（Susan Greenfield）所说的那样，大脑是一个令人琢磨不透的器官，它是唯一能自我观察，而且能沉思它的内在工作的器官。那么，究竟脑是整体产生意识还是局部产生意识？意识和脑内神经元的数量有无关系？下面我们来探讨这个问题。

1. 意识的整体与局部之争

对大脑的研究早已开始，早在 1633 年，数学家、哲学家笛卡儿就在自己的著作中《第一哲学沉思录》中表明了自己的身心二元论的观点。更为重要的是，他认为松果体是意识的栖息之所，原因如下：松果体是大脑内唯一不对称的部位（在他那个年代看来是这样的），所以必须是灵魂的位子，而且松果体小、轻、易于移动，虽然其他部位也具有类似的特点，但不是因为位于大脑外侧就是可以分为两瓣，所以是不合适的候选。在笛卡儿看来，意识仅仅存在于松果体。

笛卡儿去世后，很多人出来抨击其理论为伪科学，经不起推敲，其中比较著名的有威利斯（Willis），他说，动物也有松果体，但并没有人这样的想象力与高级能力；思丁森（Steensen）说，笛卡儿的解剖学的基本假设是错误的，他几乎不懂大脑。可见，笛卡儿的松果体并没有作为主流学说流传下来。

19 世纪初，法国生物学家佛罗昂（Jean Pierre Flourens）曾做过如下实验：摘除动物脑的不同部位，观察脑功能的改变。结果发现，拆除脑的不同部位后，所有功能均减弱，因此，他得出结论：不同的意识功能不可能位于脑的特定部分，脑结构是均匀的，并以整体方式工作。

19 世纪下半叶，保罗·布罗卡（Paul Broca）和卡尔·韦尼克（Carl Wernicke）通过对患者的研究发现，大脑中特定部位的损伤与某种意识行为的障碍有关。如果整体论是正确的，那么，某一特定区域受损并不能影响到意识。布罗卡和韦尼克的实验也极大动摇了人们对整体论的相信程度。

大卫·米尔纳（David Milner）和 梅尔文·古德尔（Melvyn A. Goodale）通过一系列大脑实验，于 1992 年提出双视觉信息流通路，一条为背侧通路，把视网膜输入转化为动作；另一条为腹侧通路，专门司职有意识的视觉信息，这为后来的意识分析提供了很大的启发。

美国神经生理学家罗杰·斯佩里（Roger Sperry）通过手术切除了癫痫患者的胼胝体，缓解了癫痫患者的症状，但是他发现了一些异常：有一个患者想用一只手拥抱他的妻子，却发现另一只手在做完全不同的事情，他递了一个钩子到她的脸上。斯佩里设计了著名的裂脑人实验，并经过反复观察与分析得出结论：左半球和右半球可能是同时有意识的，两种思维是不同的，思维的体验是平行运行的。

科赫曾经说过，皮质及其附属结构的局部属性调节意识的特定内容；反之，全局属性对于维持意识是关键的。

马尔斯伯格（von der Marlsburg）曾经说脑可以通过峰电位发放的时间同步化来标记相应的神经元集群。

直到今日，很多人还认为大脑是以整体的、格式塔式的方式工作，但不可否认的是，大脑在某些局部区域仍然对于意识有着极其重要的影响。

2. 意识产生的部位

1967 年，美国国家精神健康研究所医生保罗·麦克莱恩（Paul McLean）为了了解看似随机的大脑结构，把大脑分为 3 个部分，即爬虫脑、哺乳动物脑与大脑皮质。爬虫脑包括脑干、小脑和基底核；哺乳动物脑包括杏仁核、海马、丘脑在内的边缘系统，大脑皮质则包括我们大脑皮质的额叶、枕叶、顶叶与颞叶 4 个部分。

在爬虫脑中，脑干和小脑对于意识有什么作用呢？

截至目前，神经科学已经积累了大量的数据与案例，这些数据是建立在对不同部位脑损伤的研究之上。研究发现，小脑对于意识的贡献几乎没有。小脑是负责无意识运动的重要一环，如果小脑负责意识的产生，那小脑的效率将会极大程度降低，这显然是不被允许的。这也从侧面证明大脑中神经元数量与意识并不成正比关系。小脑的神经元数量大约是大脑的 4 倍，是脑中神经元数量最多的部位，如果两者关系成正比，占大脑近 80% 的神经元应该产生最大程度的意识，但事实并非如此。

那脑干与意识有何关系？脑干与小脑不同，它主要负责维持个体生命，包括心跳、呼吸、消化、体温、睡眠等重要生理功能。丹尼尔·博尔（Daniel Bor）曾经说道：意识最为重要的区域是脑干网状结构，它通过一系列复杂的分区控制着睡眠与觉醒周期。但他同时举了个例子，没有电源，电脑无法开机，但能说电源就是电脑最重要的一环吗？同理，脑干的网状结构对于意识形成不可或缺，但不能就此下结论说意识在这一环节产生。

美国科学家穆罕默德·考贝西（Mohamed Combesi）及其同事在研究癫痫症时，偶然发现在以一定频率刺激大脑某个特定区域时，患者进入睡眠状态，可撤去刺激时，患者恢复意识，并且不记得刚才发生的事情。他们经过反复测试发现，这个部位是屏状核，是大脑中心下方一个较薄的神经组织。他们如此猜想：屏状核是大脑意识中非常重要的部位，负责整合意识，进而产生了情感、思想等。这项研究发表于 2014 年的《新科学家》。

相比于爬虫类生物，哺乳动物最大的进化之处在于边缘系统，而边缘系统主要包括丘脑、杏仁核、海马等部位，主要司职情绪与情感。

如果丘脑大面积受损，患者就会成为植物人，与昏迷不同，这时的患者仍然可以睁眼醒来，这表明脑干结构保持完好。

尼古拉斯·施弗（Nicholas Schiff）通过大量的实验做出如下假设：中央丘脑和通向中央丘脑的输入和输出通路对于意识是极其重要的。

科赫认为意识的促成因素之一为丘脑的五个板内核的集合。左右丘脑板内核中不足一块方糖大小的损伤，就能导致意识的消失。

众多文献表明，丘脑对意识的形成更为重要，位于脑干上方，其神经元可以从所有脑区发送信息，也可以接收信息。丘脑不仅仅是信息的中转站，对信息也能起到过滤和组织的作用。

海马对于意识的影响呢？考虑一下海马受影响时患者的表现情况。1957 年斯科维尔（Scoville）和米尔纳（Milner）报告了神经心理学中一个很重要的、一位被称为 H.M. 的患者的报告，患者的双侧颞叶一部分被去除，其中包括双侧海马体，患者呈现出明显的记忆遗忘特性，不能记住新的事物，但能记住运动技巧。如果与他正常交流，并没有发现其意识上有很大的问题，据此，克里克推断说：海马体并不是意识的必需部位。

再进一步，意识是不是产生于新大脑皮质呢？

首先是枕叶区的初级视皮质，休伯尔（Hubel）和维塞尔（Wiesel）在1958年的猫视觉皮质实验中，首次观察到视觉初级皮质的神经元对移动的边缘刺激敏感，并定义了简单和复杂细胞，发现了视功能柱结构。从此以后，人们对初级视皮质进行了很多探索研究。20世纪90年代中期，尼克斯·罗格赛迪斯（Nikos Logotheis）对猴子进行双眼竞争实验，给猴子左眼呈现一幅人脸图像，给猴子右眼呈现房子的图像，测试结果表明，被试的猴子先看到房子，再看到人脸，依次循环。

这个实验结果很有意思，作为初级视皮质，应该同时捕捉到二者的信号，却出现了不同时的效果。据此，罗格赛迪斯认为初级视皮质对意识作用不大，V1受损、视觉丧失，是因为它是主要的视觉中转站，与意识无关。

科赫也支持这种观点，他提出，我们眨眼的频率为15次/分钟，那么基本上每分钟我们的视觉信号就会被阻断15次左右，意识是不是也就此被阻断呢？很显然，情况并非如此。我们的意识没有被阻断，我们很少意识到自己在眨眼，毫秒级别的时间空隙被V1更高级的皮质所补充扩展，很显然，这是V1力所不能及的。

再深入一点，其他的皮质与意识的关系如何呢？

萨米尔·泽基（Semir ZeKi）曾经说过：大脑中存在主节点的概念，即如果一个颜色主节点损坏，这个人就会丧失对颜色的捕捉能力，但不影响其他的意识与知觉。按照他的说法，MT是随机点运动知觉的主节点，V4区是颜色知觉的主节点。

达马西奥指出，在人的颞叶靠近头后部的损伤与前部的不同，后部与概念性东西有关，前部与特定时间有关。实验证明，与右侧颞叶发作不同，左侧颞叶或双侧颞叶病变造成的局部发作更可能影响到意识。

那顶叶和额叶对于意识的贡献如何呢？

对人类大脑进行功能性磁共振成像测试表明，当我们看到图像切换时，不仅比 V1 区高的视觉皮质会被激活，外侧前额叶皮质与后顶叶皮质也会被激活。前额叶、后顶叶皮质经常同时被激活，博尔将其命名为前额叶-顶叶网络。

斯坦尼斯拉斯·迪昂（Stanislas Dehaene）做过一个实验，快速给被试呈现一系列杂乱的方块，在方格的中间，会插有字的图片，有时候字距离很远，有时候距离很近。对比两种不同情形，可以发现，高级感觉区域与前额叶-顶叶网络被激活。

李奥塔·卡耐（Ryota Kanai）及其同事利用向不同方向旋转的圆点，让被试根据圆点旋转方向产生两种交替不同体验（与心理旋转实验类似）。结果表明，顶叶越厚，感觉到的图像切换越多。

马特·戴维斯（Matt Davis）对处于麻醉状态的被试进行功能性磁共振成像测试，发现不管麻醉的程度如何，负责简单的、经过处理的声音的颞叶区域的活动依然活跃，但在被试进入睡眠状态后，前额皮质的活动马上停止。

克里斯托弗·科赫把神经相关物定义为意识的最小神经机制，而且大脑皮质及其附属部分的离散区域中的生物电活动对意识体验的内容是必要的。意识的任何神经相关物的一个关键成分是高阶感觉区与前额皮质的计划与决策之间较长的互惠连接。

维克拉·托米（Victor Lamme）曾经提出过意识的循环过程模型。他认为，只有信息在不同脑区循环时才能产生意识，如果只是双向交流在专门区域之间进行，那只会产生某种程度上的意识。只有这种交流延伸至前额叶-顶叶网络，才会产生完全的、深层的意识。

那顶叶和额叶受损会发生什么变化呢？

菲尼亚斯·盖奇（Phineas P. Gage）的病例表明一个事实，额叶受损对一个人的计划、生活能力有着极大的影响，也极大地影响着他的意识水平。

鲍勃·奈特（Bob Knight）遇见过两侧前额叶均受损的患者，该患者像个僵尸，没有丝毫意识。

后顶叶皮质受损（左右半侧）的患者会进入极为罕见的状态，被称为巴林特氏综合征，患者完全没有空间感，失去了对整个世界的意识与体验。

大量的实验和理论分析表明，顶叶和额叶受损，意识水平会有极大程度的下降。而丘脑与脑干对于意识的产生也是必不可少的，就如帕特里夏·丘奇兰德（Patricia S. Churchland）所说的那样，脑干、丘脑、大脑皮质这三个部分是我们产生意识的支撑性结构。

三、意识的智能属性

近些年来，"智能"一词越来越受到学者的关注，"人工智能"一词更是目前非常时兴的领域。能够理解世间万物，却不能制造出有意识的机器人，这也是目前人工智能界十分尴尬的一点，也许，方法就在于我们如何理解智能与意识的关系。

1. 人工智能与意识

自从诞生以来，人工智能一直在摸索中前进，其中，值得一提的是其中的三大学派，即符号主义、行为主义和联结主义。下面，笔者就这三派与意识之间的关系进行阐述。

（1）符号主义与意识

符号主义是人工智能的一大学派，提倡用逻辑推理的方法模拟人的智能，也被称为逻辑主义。其中，数学演算推理是符号主义者眼中人工智能的起源。代表人物为赫伯特·纽厄尔和艾伦·西蒙。1956年，纽厄尔、西蒙等人研发出程序逻辑理论家（LT），与常规程序不同，LT由假设的数学命题出发，一步步从后向前分析，直到找到最后的数学定理为止。LT证明了罗素与怀特海的《数学原理》中的52条原理。西蒙曾经高兴地声称：我们制造出了可以思考的机器，这种机器不但可以思考，还可以创新。稍后，他们又研制出了更厉害的通用问题求解器（GPS），这套程序可以在适当的算子帮助下解决不同类型的问题。纽厄尔等人研制的SOAR软件直至今日还在广泛研究。

1976 年，尼尔森（N.J. Nilsson）和纽厄尔等人提出了著名的物理符号系统假设：凡是能用符号表示的事物和状态都能由计算机进行运算。在符号主义者眼中，人脑的表征、思维可以用符号来表征，所以人脑可以用计算机来模拟。费根鲍姆（Edward Feigenbaum）等人研发出专家系统，里南（Douglas Lenat）开启大百科全书项目。

可以看出，符号主义走的是数学推理—启发式算法–专家系统–知识工程的路线，他们认为知识是智能的基础，知识表示、知识推理、知识运用是智能的核心。在笔者看来，知识确实在意识与智能中占有很大比例，但如果遇到那些无法用符号表达的知识时，如自己的经验与常识，恐怕就束手无策了。中国有句话：只可意会，不可言传，说的正是这个道理。更加重要的是，符号主义者没有提出"意识"这个词，按照他们的符号表示法，即使真的能产生意识，也只有不到 1/2 的意识（左脑的一部分）吧。

（2）行为主义与意识

"行为主义"一词源于心理学，约翰·华生（John Broadus Watson）在《行为主义》一书中明确表达了意识不属于心理学的研究范围，我们研究的是那些可以外在观察到的刺激。与心理学稍有不同的是，在人工智能领域中，行为主义者认为 1948 年维纳提出的控制论是人工智能的起源，他用统一的观点讨论控制、通信和计算机，对比研究了动物和人类机体的控制机理以及思维等活动，将自动控制的研究提到了一个崭新的高度。钱学森提出的工程控制论、卡尔曼（Rudolph E.Kalman）提出的卡尔曼滤波器，都极大程度地刺激了行为主义的发展。布鲁克斯教授在 1990 年、1991 年相继发表论文，批评联结主义与符号主义，其代表作是 6 足机器人。

行为主义者的想法很简单，可以用一个公式即 S-R 来表达，其中 S 是刺激，R 是反应。只要找到内在的对应关系，就能预测智能体的行为。这一点，笔者认为倒是与科赫论述的头脑中的僵尸体有些类似，但如果是多种行为需要进行抉择之时，恐怕 S-R 理论就难以实现了。意识的功能就是处理所有需要出奇制胜灵活反应的情形。行为主义在一开始就将意识的中心排除在外，自然无法产生真正的意识。

（3）联结主义与意识

联结主义者认为，人工智能应该模仿脑的连接方式。1943年，麦克卡伦（Warren McCulloch）和皮茨（Walter Pitts）提出了MP模型，标志着联结主义的开端。1949年，赫伯（D.O. Hebb）提出了重要观点，即当两个相连接的神经元同时兴奋时，它们之间的联结强度会增强，这就是著名的赫伯学习定律。1958年，罗森布拉特（Frank Rosenblatt）提出了感知器模型，推广了MP模型。1959年，塞尔弗里奇（Selfridge）提出鬼域模型，认为人的识别模式由四个阶段组成，每个阶段由一群不同功能的"映像鬼""特征鬼""认知鬼""决策鬼"组成。1982年，霍普菲尔德（John Hopfield）提出了一种具有联想记忆能力的新型神经网络，后被称为"霍普菲尔德网络"。1986年，辛顿、鲁姆哈特和麦克勒兰德重新提出了反向传播算法，即BP算法。2006年，辛顿提出了深度置信网络（DBNS），标志着深度学习的开端。

可以这么说，联结主义与智能比较接近，实际上通过无监督学习，也可以产生类智能体。但就如笔者在前文中提到的那样，意识可以被还原为神经元动作吗？抑或是神经元的动作可以涌现出意识？产生意识与产生智能在本质上还是存在差别的，类智能体不代表类意识体。

2. 意识的模型

无论是哲学家、神经学家还是人工智能学家，都希望有一套模型来反映真正的意识过程。

杰拉德·埃德尔曼（Gerald. M. Edelman）在《意识与复杂性》中提出意识的动态核心假说，即在任何一个给定时刻，人脑中只有神经元的一个子集直接对意识经验有所贡献。换言之，人在报告某一意识时，大脑中相当一部分神经活动和人所报告的意识没有对应关系。

雷·杰肯道夫（Ray Jackendoff）在《意识与可计算心智》一书中提出了自己的意识中层理论，即将意识分为物理脑、计算的心智与可感知到的心智三个等级。

　　伯纳德·巴尔斯于 1998 年提出意识的全局工作空间理论。他认为，意识存在于一个被称为全局工作空间的模型之中，除此之外，还有无意识加工的处理器以及背景。这就好比一个剧院，剧院的舞台好比工作记忆，而注意的作用好比聚光灯，舞台上被聚光灯照亮的部分就是意识部分。

　　在全局工作空间理论的基础上，斯坦尼斯拉斯·迪昂与让-皮埃尔·尚则（Jean-Pierre Changeux）提出意识的神经全局工作模型理论，即每个时刻只有一种信息能够进入意识的全局工作空间模型中。

　　朱利奥·托诺尼提出信息整合理论。在这个理论中，他认为，只要满足两个条件，即可拥有意识。第一个条件为物理系统必须具有丰富的信息，第二个条件是在系统中信息必须要高度整合。整合信息理论用字母 phi（Φ）来表示整合信息的量。如果一个系统的 Φ 值过低，就不会存在意识；反过来，我们要制造具有意识的机器，就需要使这个机器或系统具有很高的 Φ 值。小脑神经元数量是大脑皮质的 4 倍，但小脑神经元排列方式为简单的晶体结构式排列。因此，小脑的 Φ 值很低，没有意识。这个模型一经提出，立即被很多人引用，并得到了很多好评。

　　达尼尔·丹尼特（Daniel Dennett）在《意识的解释》一书中提出了意识的多重草稿模型。在这个模型中，意识的加工方式是并行的，自我只是外在叙述的重点，而不具有内在体验者的角色。

　　斯图亚特·哈梅罗夫（Stuart Hameroff）和罗杰·彭罗斯（Roger Penrose）提出了编制-客观还原理论。该理论的主要观点为意识为产生与量子的时空结构，由于意识的自我-坍塌，世界从多重状态还原为单一确定状态。

　　加来道雄在《心灵的未来》一书中提出了意识的时空模型：意识是为了实现一个目标（如寻找配偶与食物、住宿）创建一个世界模型的过程，在创建过程中要用到多个反馈回路和多个参数。他进一步将这个理论模型量化，将意识水平分为 4 级（表 11-1）。

表 11-1　意识的时空模型框架

级别	物种	参数	大脑结构
0	植物	温度、阳光	没有
I	爬行动物	空间	脑干
II	哺乳动物	社会关系	边缘系统
III	人类	时间（未来）	前额皮质

安德森提出了 ACT-R 模型，此模块由 4 个子模块组成，分别为目标模块、视觉模块、动作模块和描述性知识模块，每一个模块各自独立工作，并且由一个中央产生系统协调。

瑞士洛桑联邦理工学院和其他学院在《科学公共图书馆·生物学》中提出了意识的两阶段模型，解释了大脑是如何处理无意识信息，并将信息转入有意识的。按照这一模型，意识是每隔一段时间生成一瞬间，意识之间是长达 400 毫秒的无意识状态。

3.意向性与形式化

我们不断强调，人工智能的核心和瓶颈在于意向性与形式化的有机结合。意向性具有不可还原性、不可重复性、动态可变性，形式化则反之。

智能是解决问题的能力，意识是感知事物的能力。人类和其他哺乳动物都是通过感知事物来解决问题的，但计算机不是这样。我们在计算机的智能上取得了很大进展，但是在意识这一领域上进展几乎为零。

2016 年，人工智能机器人"阿尔法狗"战胜了人类的围棋冠军，围棋是非常需要智慧的游戏，在比赛中，机器不会有任何的焦虑感，即使赢了比赛，机器也不会有任何高兴的感受，这其中不涉及任何的意识和感觉。所以，我们没有道理认为人工智能在意识这一领域真正有进展。

人类有意识，所以人类才能知道，面对这样强大的能量，我们能做什么。让计算机产生意识并不是一定能办到的事，我们自己都不是很清楚人类的意识到底是怎么来的，所以要让计算机也学会意识，是极其困难的。

　　自主包括记忆、期望、选择、匹配、控制、同化、顺应等模块，人的自主最厉害之处在于这些分析模块可以同时秩序或失序地执行……其中，主动注意分配行为是知感，被动则是感知。正如黑格尔在柏林大学开讲词中所说："精神的伟大和力量是不可低估和小视的。那隐蔽着的宇宙的本质自身并没有力量足以抗拒求知的勇气。对于勇毅的求知者，他只能揭开它的秘密，将它的奥妙和财富公开给他，让他享受。"

　　我们常常是通过调节视觉的焦点来看清外部世界的，想看的会被聚焦而变得很清晰，其他的背景则会变得比较模糊。同样，我们觉察（意识）各种情境时，也往往是通过注意的方式进行聚精会神的，关注的会凸显清晰，忽略的会变得模糊不清。

　　对我们来说的物理世界，其实是由光的反射所决定的，眼睛在光的作用下变得十分高效。我们觉察（意识）到的各种关系，是在交互过程中涌现出的，在人-机-环境系统交互的过程中变得格外自然灵性，犹如多道彩虹一般。

　　"应该"就是意向系统的合理性。丹尼特指出，采取意向立场有一个重要的前提，或者说，意向立场有一个不可缺少的预设，这就是系统的合理性，即将被解释者看作一个理性的行为者，而将其与环境的关系，其信念、愿望和行为相互之间的关系看作一个在特定目标之下的合乎理性的关系。不仅如此，意向系统的规范性和合理性还表现在对逻辑法则的遵从，不仅相信系统的信念，而且相信他信念的所有逻辑结果，相信他不会有相互矛盾的信念。意向系统是一种被理想化的最优的理性系统。

　　有趣的是，理性的东西有时会以感性的方式表达出来。而更有趣的是，感性的东西竟然也可以用理性的方式呈现，如爱的诗歌和歌唱。数据、信息、知识、逻辑本质上就是关系的不同程度的表征。

　　改变光，可以欺骗眼睛。

　　改变交互，可以欺骗意识。

　　意向性与形式化是智能科学的两个"命门"，意向性容纳对立矛盾，形式化眼睛里不容沙子。

四、意识-思维-智能

智能是意识之间的桥梁，即中介。智能具有外显性，意识具有内隐性。我们很难衡量别人的意识程度，但是可以通过一定手段辨别他人的智能程度。这也就是为什么人工意识比人工智能要难得多。笔者还认为无论是意识还是智能，都必须通过人、机、环境的交互才能产生。单纯的脑很难产生健全的意识，就好比一个世界顶尖的色彩研究专家，对世界上色彩的理论倒背如流，但如果他从出生即被关到黑屋子里，那他对于颜色的意识是否和正常人一样？

笔者认为，建造有意识的智能体一定要将其置于具体环境中，首先了解情景，对情景进行辨别与选择，再发展智能与意识，这样才能离我们人类的意识越来越近。

五、非存在的有

谈论人脑，首先不可回避的应是大脑中的意识，这也是人工智能突破中的关键奇点，无论是计算机还是机器人，都离不开硬件中的软件程序驱动，若这些程序软件是客观存在的，那么编制这些程序软件的人的逻辑情境意识也应该是客观的。而"客观"是一个抽象名词，意思是在意识之外，不依赖精神而存在的，不以人的意志为转移的，是实时存在的，与主观相对立。如此看来，要么对客观的定义有问题，要么上述有关"类似程序软件的人的逻辑情境意识也应该是客观的"的推理有问题，或者两者就是一个"悖论"——在逻辑学上指可以同时推导或证明出两个互相矛盾的命题的理论体系或命题。

硬件是客观的，软件也是客观的；大脑是客观的，逻辑情境意识是主观的吗？

意识出现后，人脑中产生并传输的可能不是所谓的符号、数据、信息，而仅是电脉冲、化学离子的传递／移动，之后形成各个兴奋／抑制区域。笛卡儿把几何与代数的优点结合起来形成的解析几何就是一种很值得借鉴的经验，如莫尔斯码就是把电脉冲与数字结合在一起形成了工程应用。看来试图使用单纯的某一学科解决人的认知或人工智能问题确实是有点异想天开了。

生理的感知、心理的映像都能形成数理、图理、视频的内涵与外延吗？

情感是一种意识，是一种可以干扰理性逻辑的"尤物"，目前的机器是不能自主产生这种意识的，哪怕是你生产的它，它还是它。有人在试图尝试计算情感，但在可预见的未来，"感"也许会有较大的进展，至于"情"为何物还应是遥遥无期的吧！而对人而言，恩情、恋情、友情、真情等却相对比较容易能感受到，这也许就是文艺会永远伴随人类存在的主要原因了。

本章从哲学与意识、脑与意识和智能与意识的角度，论述了意识的哲学方面、生物方面和智能方面。在哲学方面，先从身心一元论与二元论之争介绍开始，再引入涌现与还原的问题；在生物方面，则从大脑内整体论与部分论谈起，再引入大脑意识的重点部位；在智能方面，则从人工智能的三大流派与意识的关系谈起，引入了意识的模型。这三个方面虽然学科领域不同，但实际上紧密相连，密不可分。哲学的理论离不开生物学的实验发现，也离不开智能程序的模型支撑。同理，智能之争本质上就是哲学之争，更依赖于生物学的支持。所以，从这三个角度来研究意识，是十分恰当的。

稍显遗憾的是，目前仍然没有一套定量的意识测量方法，用来测量与建构非生物体的意识。这也是目前很多领域科学家与学者所致力于的方向。相信在不远的未来，这种方法一定会成形并得到应用。那时，我们便可以说我们真正能够理解意识了。

第十二章
人机融合的哲学探秘

人机融合智能是一种新的智能，它不同于人的智能，也不同于人工智能，是一种跨物种越属性结合的下一代智能科学体系。如果说真就是存在，善就是意向，美就是"存在＋意向"的融合；假设机是存在，人是意向，那么人机就是"存在＋意向"的融合，是形式化＋意向性，是东西方文明的共同结晶的体现。

　　一般而言，东方文明对智能的追求永远是"反求诸己"，企图打破人自身思维的界限从而达到超越性的智慧；西方则追求借助外力的计算来实现超越，计算即要求有穷，或者说至少极限存在"存在"，函数收敛。而针对无穷发散式的问题，也就是意向的问题，人工智能很难跨出聚合这一步，而人机融合智能则能跨出这一步：人的意向性可以灵活自如地帮助人机协调各种智能问题中的矛盾和悖论。

　　从表面看，人机融合智能问题是一个现代科学技术问题，但它同时也是一个古老的伦理问题。伦有四种解释：辈、类；人与人之间的关系；条理，次序；姓。伦理，指的就是人与人、人与自然的关系，以及处理这些关系的规则。人们往往把伦理看作对道德标准的寻求，道德是后天养成的合乎行为规范和准则的东西。它是社会生活环境中的意识形态之一，是做人做事和成人成事的底线。它要求我们且帮助我们，并在生活中自觉自我地约束着我们。假如没有道德或失去道德，人类社会就不再是美好的，甚至于成为一个动物世界，人也就变得无理性和智慧可言。伦理道德最现实的作用就是使人对事物产生价值观，而这种价值观恰恰是产生意向和存在的主要源泉，意向性是意识的基础、存在是规律的反映，人类智能的根本就在于此："德化情，情生意，意恒动。""意恒动，识中择念，动机出矣。"

　　传统逻辑学规范的对象是一种可自控的推理活动。作为逻辑学奠基于伦理学之上的一个基本论证，皮尔士强调："就其一般特征来看，推理现象类似于那些道德活动的现象。因为，推理本质上乃处于自控状态下的思想，正如道德活动乃处于自控状态下的活动一样。实际上，推理是受控活动的一种，因此必然带有受控活动的本质特征。虽然由于教士专门负责让你们记住，推理现象并非像道德现象那样为你们所熟知，但是，如果你们关注推理现象，可以很容易看到，一个得出理性结论的人不仅认为它是真的，而且认为每一类似情况下的推理同样正确。如果他没有这样认为，他的推断就不能称为推理。它不过是他心中出现的一个想法，他认为它是真的。而由于没有经受任何检查或控制，它并不是被有意认可的，并不能称为推理。"这里核心的论证结构是，任何可判定好坏的行为都必须是可自控的，逻辑学以区分推理好坏为主要任务，所以作为逻辑规范对象的推理必须是可自控的活动。对于人造的机器、机制而言，其本质必然是可自控的活动结果，而人的则未必完全是逻辑自控的，人机融合智能更不是逻辑的自控推理活动。

一、人机融合智能的思考

人类价值观的起源是伦理学，机器的起源是人类。现实中，人类的伦理道德困境就有不少，而人类给机器人"装"进去价值，恐怕会有更多的伦理范式之间的对冲矛盾产生吧！无论如何，从中不难看出，人机融合的未来必将荆棘密布、困难重重。

伦理可以规范出道理，道理可以演化出物理，物理可以抽象出数理，数理可以泛化于管理、生理、心理……正如生活中所常见的那样，一种自然数据一旦接触到另一种自然数据或社会数据，其性质就会发生较大变化，而那些在临界值/区的数据/数值变化，直接导致了价值的出现和信息的产生。（自然、社会、真实、虚拟）隐显混合信息/知识构成的概念"能指、所指"往往呈现出生态多样性，在理论中变得越发生动活泼跳跃。人机之间的理论、概念、知识、信息、数据之间是弥散膨胀关系，为了不失真，它们相互之间的转换效率需要用某种方法来衡量，这些表征就是我们要寻找的关键点和突破口。概念在很多时候可能没有内涵、外延之分，只有意向一致性的达成。人机融合后，整个系统的输入、处理、输出会发生不少变化。首先，通情达理（这里的"理"包括伦理和道理）就是意向到存在的信数。人的信息与机的数据可以通过信数这个新中介形式进行融合，这个中介信数是由一个矢量＋一个标量或一组矢量＋多组标量构成的矢标量（还是矢量）值，通过信数这个矢标量值进行人机融合关系程度优良好坏的初步判定，即输入阶段的评价指标。即通过人的价值取向有选择地获取数据的过程，这个输入过程中不但有客观数据与主观信息的融合，还包括人的先验知识和条件。其次，在人机信息/数据融合处理过程中，人的非结构化信息架构（如自然语言）会变得结构化一些，而机的结构化数据语法会变得非结构化一些，在这种半结构化的情境中，不但要使用基于公理的推理，还要兼顾结合非公理性推理，使得整个推理过程更加缜密、合理。最后，在决策输出阶段，人常常将脑中若干记忆碎片与"五感"接收到的信息综合在一起，跳过逻辑层次，直接将这些信息中和的结果反射到思维之中，形成所谓的"直觉"，其结果的准确程度在很大程度上取决于一个人的综合判断能力，而机器则是通过计算获得的结果——"间觉"进行间接评价，这种把直觉与"间觉"相结合的独特决策过程就是人机融合智能输出的一大特点。概而括之，人机融合的关键应包括：一多与灵活弥聚的表征、公理与非公理混合推理、直觉与"间觉"交融的决策。

人机混合智能与人机融合智能有着本质的区别。混合是两种物质混在一起，没发生化学变化，仍是两种物质，如把沙放进水里；融合物是由两种或两种以上元素组成的物质，指的是一种物质，如一氧化碳（CO），是由碳（C）元素与氧（O）元素组成的。人机混合智能中人机界面分明，然而，随着自主系统的不断发展，人、机在物理域、信息域、认知域、计算域、算计域、感知域、推理域、决策域、行为域的界面越来越模糊，你中有我，我中有你，融合在一起的趋势越来越显著，所以，用人机融合智能能够更好地反映人机之间的本质关系。

人的感觉常常是嵌套混合贯通联合的，视觉中包含着听觉、触觉、嗅觉和味觉，机器的信号采集/数据输入则是单纯唯一独立分离的，各种通道模态之间没有融合交叉。人与机的感觉秩序大相径庭，刺激与数据、信息与信号差异太大。对人而言，未感觉到的刺激往往被隐藏在感觉到的刺激里，进而形成无意识感觉或下意识感觉。不难相信，这种联觉或迁移觉在文字、词语中也有着相似的机理。机器的这种能力至今尚未被开发出来，这或许是人机融合智能方面的一个瓶颈吧！如何打破"人擅计、机长算"的基本架构，数据全息表征的输入至关重要，这其中不仅有显性的个别数值体现，还有默会的众多关系作用。人的"看"里包含了大量的其他感觉到的东西，如听觉、触觉、嗅觉、味觉，这些联觉都潜在视觉里，机器的"看"没有联觉、统觉，机器听觉等也莫不如此……另外，情境中每个东西都有众多属性和关系，当前的打标就是九牛一毛，往往打标后挂一漏十白白损失了大量的信息，所以现有的"人工"智能中的数据标注工作值得商榷。深入下去，人对这类复合信息的加工也应该是复合并行地处理：既有逻辑清晰的推理过程，可谓之达理，更有感性丰富的动情发展，可谓之通情；既有基于公理的显性信息的分析，也有基于非公理的隐含信息的综合，慢慢形成显、隐理解的共存，进而演化为显、隐意向性，为下一步的规划决策做好准备。在完成情境任务目标的价值驱动下，显性的意向性可以变成理性决策，隐性的意向性可以演化成直觉决策。

在传统的人工智能研究中，联结主义的代表形式是人工神经网络，主要处理数据；行为主义的代表形式是强化学习方法，主要处理信息（奖惩后有价值的数据）；符号主义的代表形式是知识图谱和专家系统，主要处理知识和推理（有限的知识及推理）。三者有递进的味道，但与人擅长的概念产生和理论建立相距甚远，尤其是在情感化表征、非公理性推理和直觉决策等方面，机器更是望尘莫及。另外，机器学习中的反馈、迭代的生硬艰涩滞后性与人相比也比较低级，这是因为人的态势感知能力不但来自科学技术，还源于社会学、史学、哲学、文学、艺术等多方面的素养与思维技能，进而产生价值取向（态势感知的基本预设是：人可以发现未来的动向并影响它的进程）。这恰恰是机器做不到的，所以机器暂时还只是单一领域的擅长者（如围棋、国际象棋等）。一般而言，机器在定义域（人为规则）中比人存储量大且准确、数据处理速度快，人在非定义域（自然情境）中比机器灵活且深刻、信息融合能力强。人的优势是画圈（划分领域/定义域），机的优势是画圆（精确执行），人机融合的优势则是既能画好圈又能画好圆（可跨域实现目标），正可谓人心所想，机器所为。当前的人机融合产品还是共性的（谁都可以用，如手机、电脑），个性化服务的人机智能融合还未真正出现，但原始级别的系统已经悄悄崭露头角（如个人辅助决策系统等）。

对人而言，学习最重要的是忽略那些非关键的数据、忘记那些不重要的信息,从而在诸多事物及其之间发生的各种关系中游刃有余地进行特征相关、关联存在、统计概念、概率规则、把握因果。可惜的是,目前的机器学习不会忽略不懂忘记,人这种信息过滤的机理与价值取向判断有关,有点类似于决策机理,而机器则没有价值体系。从透视主义的角度来看,人的认知存在两类选择性透视,一是生理功能上的,如对可见光的感受;二是观念上的,如情境、理论和价值预设。生理功能上的意思就是说,我们选择认识什么不认识什么取决于生理感受与反映乃至内在机制;观念上的是指各种预设会使人在认识中放大、虚构和过滤目标。人的价值取向相应可分为生理性和社会性,两者都包含个性化与共性成分,并在不同的情境组合中转换、释放出来,形成风格各异的认知特点和规律。迄今,这些价值体系尚未赋予没有个性的机器。人类意向性的背后就是价值取向,即价值观伦理性(伦就是类和次序),让形式化(数据化)的机器产生价值取向就是让它产生意向性,即形式化的意向性,有道德、有伦理的机器或许可以由此实现。如果产生不了有价值取向的机器,这一切就难以起始。事实上,如何产生有价值取向的机器,就是如何使人的伦理道德像理性逻辑一样可描述化、程序化问题,即伦理如何变成道理再变成公理原理的进程。此外,人的深度学习也不同于机器的深度学习,人的深度学习是学校教育与社会教育的一致,在于理论与实践的统一,在于矛盾和悖论的协同……是一种内外共鸣的学与习;而机器的深度学习源于人工神经网络的研究,包含多隐层的多层感知器就是一种深度学习结构,深度学习通过组合低层特征形成更加抽象的高层表示属性类别或特征,以发现数据的分布式特征表示。两种学习机制的根本不同在于:一个经过思考和实践,一个就是仿真和模拟。

为什么人类倾向于用概念、关系和属性做解释?这是因为任何解释都是在认知基本框架(常识)下进行的。人类认识世界理解事物的过程,其实就是在用概念、属性和关系去认知世界的过程。概念、属性、关系是理解和认知的基石,机器不能把不同性质的东西联系起来,人却可以将表面上无关的事物关联起来。为什么"整体不同于其部件的总和"?因为构成整体的部件(属性)产生了关系,有内在的也有外在的，语义的进化也许就是新关系的形成，知识的产生也是各种各样的新关系被发现的过程，关系有单向性（不是双向的）和依附性，如何建立起人机之间的双向关系至关重要，这是人机融合智能的一个突破口和切入点。其中，构造与功能的关系、特征属性与语义向量的关系是当下科研的热点和难点。

为什么知识图谱和专家系统在实际应用中漏洞百出、问题层出不穷？最重要的原因是关系的梳理没有到位。其中，对于主观参数和客观参数的不匹配、不协同就是一个重要问题，正如维纳对智能控制的定义："设有两个状态变量，其中一个是能由我们进行调节的，而另一个则不能控制。这时我们面临的问题是如何根据那个不可控制变量从过去到现在的信息来适当地确定可以调节的变量的最优值，以实现对于我们最为合适、最有利的状态。"如评判一个认知模型好坏的主要依据，也许就是看它如何处理突出值、价值观、频率性、可信度等主客观融合特性。早年费希纳在创立心理物理学时，提出过外部的心理物理学和内部的心理物理学等概念。外部物理世界各种物理刺激作用于人的感官，引起人的内部物理世界的活动，即脑的活动，从而产生内部心理世界的感觉体验。费希纳认为，人的感觉过程既涉及外部物理世界的物理刺激，又涉及内部物理世界的脑活动过程，还有内部心理世界的感觉体验。他认为，外部的心理物理学研究外部物理刺激强度和内部心理世界感觉体验强度之间的关系，内部的心理物理学则研究内部物理世界，即脑活动强度和内部心理世界感觉体验强度之间的关系。高级意识是什么？有人认为高级意识就是大量的基础意识的集成，把大量不同种类的基础意识有机地集成到一起，这种集成应该具有穿越性，能够把"无关"事物/事实有指向性地关联起来，这种穿越性比集成更迅捷。目前看来，单纯人的智慧在单个领域落后于人工智能已成为现实，对跨领域超级智能的期待仍无依无据，但是人机融合智能却可以更快、更好、更灵活地同化外来信息和顺应外部变化，是有机与无机的跨界混搭，是记忆与存储、算计与计算、直觉与间觉、自主与它主、慧与智的弥聚，也许这种融合智能正是未来的发展方向。

　　人机融合智能的一个核心问题是介入问题，这也是一个体验问题，即人与机之间何时何处以何种方式（或平滑或迅速）相互介入的问题，尤其是在歧义点或关键阈期间介入的反应时、准确率。例如，交互中机器出现的变化"主观"对人机融合很重要，尤其是在特定定义域（如围棋）中，可以改变人的习惯和偏好，甚至是世界观。再如，在融合时彼此之间的接受、容忍、信任、匹配、调度、切换、说服、熟练程度，以及如何训练出个性化的伙伴关系等都是具体亟待解决的问题。未来的人机说服技术，就需要人机之间的通情达理，因势利导。由于人机融合在细节层面和人人之间的合作几乎同样复杂，或者说是有一些另类的复杂问题，因而可以认为，从技术角度讲，人机融合智能绝不仅是一个数学仿真建模问题，而应该是一个实验统计体验拟合的问题。

　　一般来讲，对一项技术的理解要从抽象的角度着手，抽象的角度越高，适应范围越广，用逐层抽象的方法去理解事物的本质，就能从思想上突破技术的局限性。比如一个简单的问题：计算机是什么？计算机的本质就是一个可编程的、用于计算的机器。任何问题只要能转换成计算问题，计算机就能解决，如果不是计算问题，那计算机就解决不了。人处理的外部客观事物属性／关系本身就包含多重意义，再加上人本身的主观认知也丰富多彩，因而处理过程的复杂性是不可避免的。相比之下，机器的数据分析倒是相对自然简单一些。信息的输入、处理、输出过程对人而言都是双向的，如"看想看的""听想听的"就是眼耳与大脑的双向流动，而弹奏想弹的曲子则是手脑之间的双向作用；数据的处理过程则是机器的单向使然，人为的反馈前馈仍难以掩盖其无机性。罗素认为，我们所说的每个事物都只由我们拥有的直观知识和理解的事物的说法（也许是合成的）构成——知识实质上凭的是感性知觉。例如，机器不会学不会问，所以没学问。你问一个人"吃了吗？"，人会理解；你若问机器"充（电）了吗？"，机器会理解吗？那种试图以现有形式化方法获取类人智能的思想也许确实是行不通的，因为从本质上讲，所有的仿真和模型都是错误的，只不过有些模型可参考性较大一点罢了。

　　人与人之间有人道，机与机之间有机道，人与机之间有人机道。数据、信息、知识三者之间由于主体介入程度的不同，性质也随之变化。例如，当你面对一堆数据时，数据与主体产生关联，你就发现或得到信息；当信息作为对象被主体思维运算后形成认识时，信息就变成了知识；当知识从主体传播出来，面对其他接收主体时，又转换成了信息；当信息存储在外，无主体对应或介入时，就变成了数据。在语法层面，规则性的语法逐渐为概率性的语法所替代；而在语义/语用层面，则出现了可能（性）的价值是新型决策依据。

　　人机融合智能科学要研究的是一个物理与生物混合的复杂系统。智能作为一种现象，表现在个体与自然、社会群体的相互作用和行为过程中。基于信息技术的认知延展可以为延展认知的哲学假说进行辩护，而心灵的边界将变得更为模糊，身体、大脑、环境、技术、社会正在形成一种新的相互融合的智能体。这不仅仅会改变人的基本认知结构，还会进一步改变我们对人性以及对自身存在状态的理解。人与不同机融合表现出来的智能是不同的，与手机交互时的智能远远大于与自行车交互时的智能。或许这些行为和现象就像物理学一样，由统一的力、相互作用、基本元素来描述。例如，在图像识别中，真实的识别不是在图像中的位置（图像是一个平面），而是要识别图像指向的在空间中的位置，要建立空间概念，以及物体在空间中相互关系的概念。单纯基于概率统计的方法（先天智能）解决不了看图说话的问题，要建立一种基于当前图像的个性反馈（后天智能）。人便有一种随时随地都可以"标注"的"打标"能力。

　　不管怎样，标注都是终止于符号，而不是世界上的物体，应该做一个能和环境世界打交道的东西，标注就是物体本身，物体的图像、声音、触觉、气味都可以通过训练映射到物体。不是说符号没用，符号本身也是物体对象，只是需要通过训练来认识它们。符号到其代表的物体的映射（或指向）关系也是通过训练形成的。

　　人处理信息的过程是变速的，有时是自动化的下意识习惯释放，有时是半自动化的有意识与无意识平衡，有时则是纯人工的慢条斯理，但这个过程不是单纯的信息表达传输，还包括如何在知识向量空间中建构组织起相应的语法状态，以及重构出各种语义、语用体系。

二、认知不是计算

目前的人工智能仍然是以计算机为中心，并没有实现人们所希望的"以人为中心"的认知。如何把人类认知模型引入人工智能中，让它能够在推理、决策、记忆等方面达到类人智能水平，是目前科学界讨论的热点、难点和焦点。

认知的核心是智能，是洞察事物，而智能和洞察的核心是心理，人工智能的核心是数理，心数不一致，何谈相似？单纯的机器，无论是学习还是智能，都是没有感情的，而人的理性表面上类似机器，其实这种理性是建立在情感意志等底层之上的，是一种知、情、意融合的心智体。例如，人的许多记忆一旦涉及"我"，就会变得又快又好，这种邻近性智能产生的机理就包含情感化。鉴于人机融合的是心理＋数理的同理共情，因而能够实现认知与计算的可能结合。正如有人所言：除非有人以确凿的证据向我们证明如何按照非定域原理把精神意识引入某个人工系统，否则，不管该系统的可观察行为与人类行为多么相似，我们都不能认为该系统真的具有了精神意识，没有精神意识，再厉害的计算也产生不了认知和洞察。爱是人类一种独特的界面，可以无限地由内而外扩展自己与外部世界交互的界面，这也是机器目前还不能产生的界面。

世界上的事物本身是不能定义、解释、说明自己的，只能用其他事物去定义、解释、说明，但是这些事物本身既有相似之处，又有不同的地方，所以，所有的比喻、类比都不是精确的，而是近似的。正是这些近似性，构成了各种可用的概念、观念、习俗、常识、表征、交流和通信，而当前计算的源泉——数学本身也是近似的，具体可参见那些公理、假设、条件、约束、边界、规定等。然而，现在的不少数学家或者人工智能学者竟然忽略了这些数学的近似，把不完美的有限当成了完美的无限，人为视为精确、客观、绝对，用一个个有着先天局限性的公式、方程、范式、推理、计算去完成不可能完成的技术工作，进而造成自动化、智能化程度越来越高，人们的认知／心理负荷越来越重的悖论。

人是在与人、物的交互中逐步形成自我的，包括亲人、声音、事物、纸笔……交互、融合是智能的源泉，也是帮助我们思考的工具，从语言到手机，也许都是认知本身的一部分。一方面，我们的认知总是在与这个世界发生着融合；另一方面，被误用的计算有可能会影响我们的认知。1968 年图灵奖获得者理查德·哈明说过："计算的目的不在于数据，而在于洞察事物。"人们认知中的觉知／意识被延展到了外部世界，并时常与很多设备计算交织在一起。冥冥中，也许真是各种生活体验塑造了我们对真实世界的期待和希望。

表面上，人工智能在搜索、计算、存储和优化领域比人类更加高效，其实不然。例如，当一个或多个目标出现时，你会很难立刻形成正确或有效的态势感知，只有态势演化进入适当的时空、程度时，人才能形成良好的态势认知状态。据此，我们不妨把态势感知这一认知机制分为预启动期、发展期、实现期、深度期、衰退期、结束期……其间，可将注意力集中程度作为调节态势感知不同时期的主要手段。态势感知这种认知行为一般由两部分构成，一是无机部分，即对符号的形式化处理；二是有机部分，涉及理解、解释、思维等心灵方面的意向性分析。无机的部分可以用计算的方式优化，而有机的部分用认知处理比较理想。如下面这些情境，用计算很难表征，而用认知则相对比较容易分析：态静势动、态动势静、感动知静、感静知动、态多势少、态少势多、感多知少、感少知多、态虚势实、态实势虚、感虚知实、感实知虚。态势的态势就是深度态势，感知的感知就是深度感知，态势感知的态势感知就是深度态势感知。所有的人机交互都是为了人人交流或自我认知而为，机就是一种媒介或一种工具，使得自己与他人互相作用得更有效、便利与舒适。人工智能模拟的是人的思维，而思维从根本上就是各种交互中人的心理活动和过程，思维活动相对稳定了，就形成了某种思想。所以，人工智能中的人之心理比计算方法、计算能力、计算数据更重要、更本质、更彻底，人工智能之源是人，而不是工。若说当前的人工智能界本末倒置，是一种工人智能、偷懒智能恐怕不为太过吧！

　　计算是从概念到世界，而认知则是从世界到概念，一正一反，一形一意，一机一人。认知和计算之间的关系有时被抽象为事实与符号之间的描述刻画（描画）关系或映射关系，这实际上是赋予命题符号以意义的过程的一个方面，即意指。一个命题符号，在我理解它之前，于我而言，它还是没有生命的。理解与意指过程在某种意义上说是相反过程，意指是指从事实到思想，再到命题符号；理解则是从命题符号到思想，再到事实。计算机本质上是一种通过形式化手段来实现非形式化意向性的工具，即通过数理反映物理、心理规律。玻尔说过："完备的物理解释应当绝对地高于数学形式体系。"

　　从哲学高度来看，认知是一种感性的素质，计算则是一种理性的修养。一般而言，艺术是培养训练感性素质的重要手段，科学技术是发展延伸理性修养的主要途径。大多数现实世界的感性理性互动都涉及隐藏信息，而大多数的人工智能研发恰恰都忽视了这一点。蒙特利尔大学的约书亚·本吉奥（Yoshua Bengio）是深度学习的先驱者之一，他在一封电子邮件中这样写道："学习使用的估计模型与现实之间依然存在着巨大差异，尤其是现实情况很复杂的时候。"因此，以数理计算为核心的人工智能的进步之途依然漫长……就像有句话说的：只有计算才分对错，而认知则没有标准答案。本能就是在没有预见的情况下能够产生某种结果，并且不需要提前训练就能完成的行动能力。美国第一届心理学协会会长威廉·詹姆斯似乎认为本能的结构方面是模块化的。各个本能都独立负责某种简单行为，但同时它们之间也协同工作。截至目前，机器的计算还远远没有本能，所以人与机在决策方面最大的差异在于有无压力及风险大小的认知。从长远来看，人工智能应该学会如何合作辅助人类，形成人机融合的新智能体。

　　有人认为，目前人和机器之间的信息传递效率仍然非常低，远未能实现真正意义上的人机协同、互相促进。要实现人机协同的混合智能，需要解决的第一个难题就是人和机器之间的交互问题。仔细想来，这并不能算是人机融合的主要矛盾和核心问题。人机融合的瓶颈不是简单的交互问题，而是认知与计算的结合问题。1972年图灵奖获得者埃德斯加·狄克斯特拉说过："程序测试只能用来证明有错，绝不能证明无错。"波兰尼也曾断言："知识的取得，甚至于'科学的知识'的取得，一步步都需要个人的意会的估计和评价。"在物理学领域，量子论的创立，使人们对主客体关系的认识发生了根本性的变化。在量子世界中，科学主体与客体之间已经不像在宏观世界那样有着绝对分明的界限，而是像玻尔所说的那样："我们既是演员，又是观众。"与此相关，海森堡也明确指出：几率函数运动方程中包括了量子运动与测量仪器（归根到底是人）相互作用的影响，这种影响也成了不确定性的重要因素。玻尔所说的演员和观众的关系，其含义是科学认识主体和客体之间存在一个主体客体化、客体主体化的过程。主客体相互转化、相互包含的结果，也就具有了波兰尼所谓的"双向内居"的关系。在人机融合的智能时代到来前的黎明，计算也悄悄主动靠向了认知，正如 1966 年图灵奖获得者艾伦·佩利所言："任何名词都可以变为动词。"对此，1971 年图灵奖获得者约翰·麦卡锡也表现了积极的认同："与所有专门化的理论一样，所有科学也都体现于常识中。当你试图证明这些理论时，你就回到了常识推理，因为常识指导着你的实验。"从中我们不难看出，认知里的常识恰恰是被计算所过滤掉的精华。常识就是非结构化的多模态信息／知识的复合体，它远远超过了机器的理解。

人类在常规拓扑方面的直觉相对有限，在高维情形下很难建立起具体的想象力，唯一能够把握的只有严格的数学推导计算加上活泼的心理抽象认知。只有这样，逻辑和非逻辑空间才能相融共生，形成合力，去破解大自然提出的一个比一个难以回答的诸多问题，才能处理那些"令我们深陷困境的不是那些我们不懂的事情，而是那些我们自以为理解的事情"。

简而言之，认知不是计算，计算却是一种认知。

三、既不是人工智能，也不是人类智能

我们知道的远比我们说出来的要多得多，我们不知道的远比我们知道的要多得多，我们不知道我们不知道的远比我们不知道的要多得多……

　　人类的感觉刺激、信息是动态分类，是聚类，它不是一次完成的，而是多次弥聚变化的（这种轮回机制目前尚未搞清楚）。大道无形的道是碎片的、流性的……所以，正是零碎的规则、概率、知识、数据、行为构成了人的智能，这是在千奇百怪的日常异构活动情境中生成演化出来的。人智，从一开始就不是形式化、逻辑化的，而且人的逻辑是为非逻辑服务定制的；机器则相反，从一开始就是条理化的、程序化的，也是为人的非逻辑服务的。

　　本质上，数据的标记与信息的表征的不同之处在于有无意义的出现，意义即是否理解了可能性。机器涉及的表征体系虽然是人制定赋予的，但从其一诞生就已失去了本应的活性，即意向性参与下的各种属性、关系灵活连接和缝合，而人的诸多表征方式则常常让上帝都不知所措：一花一世界，一树一菩提。知识图谱的欠缺就在于知识的分类上，它僵化了原本灵活的知识表征，使之失去了内涵与外延弥聚的弹性。用有限表现无限是美，把无限用有限诠释出来是智（真），连接两者的是善（应该、义）。机器决策，通常是用合适的维度降低分类信息熵。而人在实际生活中，对信息的处理是弥聚维度……有张有弛，弥聚有度，意形交替，一多分有，弹性十足。

　　如果说机器的存储是实构化，那么人的记忆就是虚＋实构化，并且随着时间的推移，虚越来越多，实越来越少，不仅能有中生无，甚至可以无中生有，就像各种历史书中的传奇或各样的流言蜚语一样。更有意思的是，人的记忆可以衍生出情感——这种对机器而言匪夷所思的东西。

　　人的学习大多数不仅是为了获取一个明确的答案，更多的是寻找各种理解世界、发现世界的可能方式；而机器的"学习"（如果有的话）"目的"不是为了发现联系，而是为了寻求一个结果。

　　智能的根本不是算，是法，是理解之法、之道。理解是关键。NLP不先解决理解问题，只追求识别率，是不会有突破的。其实人对声音的识别率是很低的，经常要问别人说了什么。能问别人说了什么是最关键的能力，因为知道没有理解才能问出问题。很多系统的理解最终靠人，如果没有人参与，不管处理了多少文字，都没有任何理解出现。目前的人工智能缺失的是对人感性层面的仿生不够完善，因此无法完全了解人做决策的生理与心理机制。言下之意，只有人工智能做到像人一样去感受外部的世界，并用处理器做人一样的理性思考，从内至外地模拟和学习人类，这样的人工智能才是完善的。

博弈理论家鲁宾斯坦在《经济学与语言》中用一个博弈模型说明"辩论"对不参与博弈的旁听者有非常大的好处，因为辩论使得双方不得不将"私有"的信息披露给旁听的人。他的数学推导大致上没有超出笔者的哲学论证的范围，他在最近给笔者的回信中说他使用数学不过是为要获得更清晰的论证而已，并同意笔者在信中表示的看法"数学方法可能遮蔽了深刻洞察"，而人的直觉性统觉，其载体是有机体的感觉器官，已经包含着有机体对各种关系的理解。只是为了要把这种理解固定下来，形成"记忆"，人类才需要另一种能力的帮助，那就是"理性"能力。在理性能力的最初阶段，便是"概念"的形成。概念就是一种界限、约束、条件，在不同的情境下，这些界限、约束、条件会发生许多变化，甚至会走向它的对立面……这也是智能难以定义，有人参与的活动里会出现各种意外的原因吧！叔本华曾指出："在计算开始的地方，理解便终结了。"因为，计算者关注的仅仅是固定为概念的符号之间的关系，而不再是现实世界中发生的不断变化着的因果过程。与"概念"思维的苍白相对立，关于"直觉性理解"的洞察力，叔本华也有如下精彩的论述："每个简单的人都有理性，只要告诉他推理的前提是什么就行了。但是理解不同，它提供的是原初性的东西，从而也是直觉性的知识，在这里出现了人与人之间天生的差别。事实上，每一个重大的发现，每一种具有历史意义的世界方案，都是这样的光辉时刻的产物，当思考者处于外界和内在的有利环境里时，各种复杂的和隐藏着的因果序列被审视了千百次，或者，前所未有的思路被阻断过千百次，突然，它们显现出来，显现给理解。"在这一意义上，目前的全部计算机智能，只要还不是基于"感官"的智能，在可看到的未来，就永远无法获得我们人类这样的创造力。这里，"感官"是指对"世界"做直接感知的器官，有能力直接呈现表征世界图景的器官，而不是像今天的计算机这样，需要我们人类的帮助才可以面对这个世界"再现"什么。钱学森说：人体作为一个系统。首先，它是一个开放的系统，也就是说，这个系统与外界是有交往的。比如，通过呼吸、饮食、排泄等，进行物质交往；通过视觉、听觉、味觉、嗅觉、触觉等进行信息交往。此外，人体是由亿万个分子组成的，所以它不是一个小系统，也不是一个大系统，而是比大系统还大的巨系统。这个巨系统的组成部分又是各不相同的，它们之间的相互作用也是异常复杂的。所以是复杂的巨系统。实际上，当前的人工智能只使用了人类理性中可程序化的一小部分，距离人类的理性差距还很大，更不要说初步接近人类更神奇的部分——感性了。

伽利略说过：数学是描述宇宙的语言。事实上，准确地说应该是：数学是描述宇宙的语言之一。除此之外，还有许许多多的描述方式存在着。这也是智能科学面临的问题，该如何有效地融合这些不同语言的语法、语义、语用呢？对于多元认知体系来说，共性认知成分稀缺而重要，数学是这方面的一种尝试，用以描绘对象间的关系（但非仅有）。如果换了一种文明，它们的描绘方式不同，形式自然不同。数学不是究竟，只是对实相某个方面的陈述，类似盲人抚摸象腿的感受。数学和诗歌都是想象的产物。对一位纯粹数学家来说，他感受到的材料好像是花边，好像是一棵树的叶子，好像是一片青草地或一个人脸上的明暗变化。也就是说，被柏拉图斥为"诗人的狂热"的"灵感"对数学家同样重要。举例来说，当歌德听到耶路撒冷自杀的消息时，仿佛突然间见到一道光在眼前闪过，立刻就想好了《少年维特之烦恼》一书的纲要，他回忆说："这部小册子好像是在无意识中写成的。"而当"数学王子"高斯解决了一个困扰他多年的问题（高斯和符号）之后写信给友人说："最后只是几天以前，成功了（我想说，不是由于我苦苦地探索，而是由于上帝的恩惠），就像是闪电轰击的一刹那，这个谜解开了；我以前的知识、我最后一次尝试的方法以及成功的原因，这三者究竟是如何联系起来的，我自己也未能理出头绪来。"再如，奖惩是机器增强学习的核心机制，而人的学习在奖惩之间还有其他一些机制（适应，是主动要奖励、惩罚还是被动给奖励、惩罚），如同刺激、反应之间还有选择等过渡过程。另外，人类的奖惩机制远比机器简化版的奖惩机制复杂得多，不但有奖奖、惩惩机制，甚至还有惩奖机制，给予某种惩罚来表达真实的奖励（如明降暗升），当然，明升暗降的更多。人类的那点小"心思"，除了二进制，机器目前继承的还不太多。

在川流不息的车流中穿行而全身而退，就是人机态势协同的经典情境。仔细想想，态势与阴阳还有着相似关系：（状）态为阳——显性的存在，（趋）势为阴——隐性的意向；感（属性）为阳，知（关系）为阴，阴中有阳，阳中有阴。

人的学习与机器学习最大的不同在于是否是常识性的学习，人在教育或被教育时，是复合式认知，而不仅仅是规则化概率性输入。人的常识很复杂，扎堆的物理、心理、生理、伦理、文理……既包括时间空间的拓扑，也包括逻辑非逻辑的拓扑。人既是动物，也是静物。机也如此，但其动、静与人还是有差异的。人机融合学习、人机融合理解、人机融合决策、人机融合推理、人机融合感知、人机融合意图、人机融合智能才是未来的发展趋势和方向。

人有一种能把变量变成常量，把理性变成感性，把逻辑变成直觉，把非公理变成公理，把个性一变成共性多，把对抗变成妥协的能力。例如，人不但可以把"如何"（how）用程序化知识表征，还可以把"为何"（why）用描述性知识表示，至于"什么"（what）、"哪里"（where）、"何时"（when）这些问题让机器辅助检索即可。可惜无论是人的自然智能还是人工智能，最后都涉及价值取向问题，可惜机器在可见的未来远远不会有之。如果说价格是标量，价值是矢量，那么也可以说数据是标量，信息是矢量，机器是标量，人是矢量。若数据是标量，信息是矢量，知识就是矢量的矢量。究其原因，数据终究是物理性的，本身没有价值性，信息是心理性的，具有丰富的价值取向。

目前主流人工智能理论丧失优势的原因在于，它所基于的理性选择假定暗示着决策个体或群体具有行为的同质性。这种假定由于忽略了真实世界中普遍存在事物之间的差异特征和不同条件下人对世界认识的差异性，导致主流理论的适用性大打折扣，这也是它不能将"异象"纳入解释范围的根本原因。为了解决该根本问题，历经多年发展，许多思想者已逐渐明晰了对主流智能科学进行解构和重组的基本方向，那就是把个体行为的异质性纳入智能科学的分析框架中，并在理性假定下将个体行为的同质性作为异质性行为的一种特例情形，从而在不失主流智能科学基本分析范式的前提下，增强其对新问题和新现象的解释和预测能力。即把行为的异质性浓缩为两个基本假定：一是个体是有限理性的；一是个体不完全是利己主义的，还具有一定的利他主义。心理学、经济学、神经科学、社会生态学、哲学等为智能科学实现其异质性行为分析提供了理论跳板和基础，简单可称之为人异机同现象，未来的智能应该在融合了诸多学科新一代数（信）息学的基础上成长起来，而不是仅仅在当前有着诸多不完备性的数学基础之上。

新手对抽象枯燥的信息无感，而高手则对从中提炼出生动、鲜活、与众不同的信息异常敏感，即通理达情，看到别人看不到（从同质性提炼出异质性），觉察到别人觉察不了的信息，形成直觉（快）决策，这也就导致了不同寻常的非理性行为和信念不断地发生。"认知吝啬鬼"是指人类的大脑为了节省认知资源，在做决定时，喜好寻找显而易见的表面信息进行处理，以求快速得出结论，而结果很可能是错误的，所以以肤浅著称。与"认知吝啬鬼"不同，心理学中还有一个概念叫"完全析取推理"（fully disjunctive reasoning），指当面对多个选项需要做决策，或是要根据假设推理得出一个最佳解决方案时，会对所有的选项或者可能性的结果进行分析、评估，从而得出正确的答案。进行系统的分析，速度相对比较慢。

知识的默会已造成很多不确定性，规则的内隐更使得交互的复杂性加倍，其根源在于交互对象具有"自己能在不确定和非静态的环境中不断自我修正"的特点。这就不但有知识更新的要求，而且有组织机制挖掘的强调。人机交互实质上是人的感性结构化与人的部分理性程序化之间的融合。"同情"很容易被理解为：我们在这种感受中以某种方式拥有他人的情感。实际上，同情共感是一种情感秩序一致性的共现期望。我们在意识领域中至少可以发现以下 6 种互不相同的"共现"方式：映射的共现、同感的共现、流动的共现、图像化的共现、符号化的共现、观念化的共现。因此，"共现"虽然首先被胡塞尔用于他人经验，但它实际上是贯穿于所有意识体验结构中的基本要素。对于此，机器仍远远不能学习实现之。

霍金和穆洛迪诺都曾把光说成是"行为既像粒子又像波动"，智能也是如此弥聚：弥散如波动，聚合如粒子（注意机制的加入）。对象是静态的，分配匹配是动态的，是不断被刷新的，可谓此一时彼一时。如何把握不同时期的人机功能分析变化？这是一个非常有意思的问题。现在的许多无人系统或体系不是说真无人，而是没有了直接人，同时对间接人的要求会更高。人机融合不同情境的自主机制不太一样，如个体的自主与系统、体系的自主不同。此外，人机融合的一个重要问题是如何平衡，如能力的、时机的、方式的、研判的平衡等，融合得不好，往往都是这些方面的失衡所造成的。例如，人机交互分为自我内交互和与他外交互，许多表达或表征对其他对象仅出现逻辑上的意义，而与真实发出者的心理意义往往是不一致的，这种情况体现在人机深层次沟通的不流畅和晦涩、难以为继上。比较而言，机器是擅长处理家族相似性事物的，人则是优于处理非家族相似性的，即人类可以从不相识 / 相似的事物中抽取相识 / 相似性，而人机融合是兼顾两者的。跨界交叉就是要找到非家族相似性进行有向关联。波粒二象性就是连续与离散的态势，态势与感知都有二象性，认知也有，离散时可以跨界交叉融合非家族相似性，连续时常常体现平行惯性保持家族相似性。人的非理性认知（离散）与机的理性认知（连续）结合是否符合正义（正确的应该）是衡量有效融合的主要指标之一。

人机融合智能有两大难点：理解与反思。人是弱态强势，机是强态弱势，人是弱感强知，机是强感若知。人机之间目前还未达到相声界一逗一捧的程度，因为还没有单向理解机制出现，能够产生幽默感的机器依旧遥遥无期。乒乓球比赛中运动员的算到做到、心理不影响技术（想赢不怕输）、如何调节自己的心理（气力）生出最佳状态、关键时刻之心理的坚强、信念的坚定等，这都是机器难以产生出来的生命特征物。此外，人机之间配合必须有组合预期策略，尤其是合适的第二、第三预期策略。自信心是匹配训练出来的，人机之间信任链的产生过程常常为：陌生—不信任—弱信任—较信任—信任—较强信任—强信任，没有信任就不会产生期望，没有期望就会人机失调，而单纯的一次期望匹配很难达成融合，所以，第二、第三预期的符合程度很可能是人机融合一致性的关键问题。人机信任链产生的前提是人要自信（这种自信心也是匹配训练出来的），才能产生他信和信他机制，他信与信他中就涉及多阶预期问题。若存在是语法，意向就是语义，二者中和相加就是语用，人机融合是语法与语义、离散与连续、明晰与粗略、自组织与他组织、自学习与他学习、自适应与他适应、自主化与智能化相结合的无身认知＋具身认知共同体、算＋法混合体、形式系统＋非形式系统的化合物。反应时与准确率是人机融合智能好坏的重要指标。人机融合就是机机融合，器机理＋脑机制；人机融合也是人人融合，人情意＋人理智。

　　人工智能相对是硬智，人的智能相对是软智，人机智能的融合则是软硬智。通用的、强的、超级的智能都是软硬智，所以，人机融合智能是未来的发展方向。但是，融合机理机制还远远没有搞清楚，更令人恍惚的，一不留神，人进化了不少，机又变化得太快。个体与群体行为的异质性，不仅体现在经济学、心理学领域，而且是智能领域最重要的问题之一。现在主流的智能科学在犯一个以前经济学犯过的错误，即把人看成理性人，殊不知，人是活的人，智是活的智，人有欲望、有动机、有信念、有情感、有意识，而数学性的人工智能目前对此还无能为力。如何融合这些元素，使之从冰冻的、生硬的状态转化为温暖的、柔性的情形，应该是衡量智能是否智能的主要标准和尺度，同时是目前人工智能很难跳出人工的瓶颈和痛点，只有钢筋没有混凝土。经济学融入心理学后即可使理性经济人变为感性经济人，而当前的智能科学仅仅融入心理学是不够的，还需要渗入社会学、哲学、人文学、艺术学等领域才能做到通情达理，进而实现由当前理性智能人的状态演进成自然智能人的形势。智能中的意向性是由事实和价值共同产生的，内隐时为意识，外显时叫关系。从这个意义上说，数学的形式化也许会害死智能，维特根斯坦认为，形式是结构的可能性。对象是稳定的东西、持续存在的东西；而配置则是变动的东西、非持久的东西。维特根斯坦还认为，我们不能从当前的事情推导出将来的事情。而迷信恰恰是相信因果关系，也就是说，基本的事态或事实之间不存在因果关系。只有不具有任何结构的东西才可以永远稳定不灭、持续存在；而任何有结构的东西都必然是不稳定的、可以毁灭的。因为当组成它们的那些成分不再以原有的方式组合在一起的时候它们也就不复存在了。事实上，在每个传统的选择（匹配）背后都隐藏着两个假设：程序不变性和描述不变性。这两者恰恰也是造成期望效用描述不够深刻的原因之一。程序不变性表明对前景和行为的偏好并不依赖于推导出这些偏好的方式（如偏好反转），而描述不变性规定对被选事物的偏好并不依赖于对这些被选事物的描述。

　　澳大利亚悉尼大学的克里斯·雷德通过研究认为："它们正在重新定义智能的性质。"一种被称为"海绵宝宝"的黄色多头绒泡菌（Physarum polycephalum），它们也能记忆、决策、预测变化，能解决迷宫问题、模拟人造运输网络设计、挑选最好的食物。它们能做到所有这些事，但它们没有大脑或者说神经系统。这一现象不得不让科学家重新思考：智能的本质究竟是什么？通过研究发现，智能就是人、物、环境系统之间的交互现象，就是智，就是慧，就是情，就是意，就是义，就是易，就是心……心理的心就是人-机-环境系统的交互，很难像物理还原一样进行心理还原，生理/心理与物理最大的不同是：一个是生一个是物，一个是活的一个不是活的，一个不易还原一个较易还原。人文艺术之所以比科学技术容易产生颠覆原创思想，不外乎在于跨域性的反身性——移情同感，超越自我，风马牛也相及，而人一般都不愿意因循守旧一生，所以人文艺术给人提供了更广阔的想象空间，正可谓人们看见什么并不重要，重要的是人们如何诠释看见的事物。

　　德里达有句名言"放弃一切深度，外表就是一切"，他隐藏的意思是：生活本身并不遵守逻辑，它是非逻辑的，无标准的，就像文字学，以一种陌生的逻辑在舞蹈。

四、人机-语言-可解释性

人的意识是由虚拟和真实参照系共同作用的结果。这也是机器不能产生意识的主要原因——没有虚拟参照系（抑或是机器的虚拟参照系统很弱）。

客观而言，语义就是一种人们之间使用有意义的元素组成的约定，潜意识里的约定俗成比语法更为跨界、灵活，而且人们目前对它的规律还未形成有效的规则认知，于是它便成了复杂性事物。

寻求人工智能的可解释性也许是个伪命题。A 与 B 之间的交互可解释性是由主体 A 主观认定的，对 A 而言，B 本身就是一个黑匣子，B 到底是怎样真实配合 A 的，准确地说 A 是不能知道的，即使 B 对 A 进行解释说明，但这种解释也许是真的，也许是假的，也许是真假混杂的（有时甚至连 B 自己也很难说清楚其真实意图——只可意会不可言传），最后两人的一致性协作是由各自对对方的行为及语言自主认知而产生的，比如实现完美或不完美的乒乓球双打，最终两人是靠形成的信任或准信任机制实现交互、融合的。所以，人与人、人与机器之间的可解释性也是循序渐进的，从不可解释到可解释再到不可解释，主要依赖个性化的经验和认知机理，分别的自我理解和诠释是慢慢形成相互之间默契和信任的基础。另外，在可见的未来，机器对人的"理解"性解释也会在一定范围内展开，且一定会在一定范围内展开。无论人人还是人机，能够解不解释也许并不重要，重要的是双方或多方之间良好的互动组织行为及形成的信任机制，这才是交互融合的本质：个性化理解大于可解释计算。"知己知彼"中的"知"不仅仅包含可解释的计算，还应包括不可解释的算计。

人机智能难于融合的主要原因在于时空和认知的不一致性，人处理的信息与知识能够变异，其表征的一个事物、事实既是本身同时又是其他事物、事实，一直处于情境中的相对状态，机器处理的数据/信息/知识标识则缺乏这种相对变化性。更重要的是人意向中的时间、空间与机形式中的时间、空间不在同一尺度上（一个偏心理一个侧物理），如人在顺利或困难时，一分钟的时间、一间房的空间便可以不同；在认知方面，人的学习、推理和判断随机应变，时变法亦变，事变法亦变，机的学习、推理和判断机制是特定的设计者为特定的时空任务拟定或选取的，与当前时空任务里的使用者意图常常不完全一致，这种不同时空／认知参照系的差异诱发了可变性的不同步。

如何找到一种可产生意向性的形式化手段或产生形式化的意向性，将是通往人机有效融合智能的关键。目前的数学、物理手段还不能完全承担这个重任，因为它们只试图解决智能——这个复杂性问题的两个侧面，更多超出它们范围的侧面还无法被覆盖。

智能不是人工智能，更不是机器学习算法。同样，人工智能、机器学习算法也不是智能，智能是人机环境的相互融合，是三者之间的知己（看到苗头）、趣时（抓住时机）、变通（随机应变）。

五、再思人机融合智能

人机融合智能就是由人-机-环境系统相互作用而产生的新型智能系统。之所以说它与人的智慧、人工智能不同，具体表现在三个方面：首先，在智能输入端，它是把设备传感器客观采集的数据与人主观感知到的信息结合起来，形成一种新的输入方式；其次，在智能的数据／信息中间处理过程，机器数据计算与人的信息认知融合起来，构建起一种独特的理解途径；最后，在智能输出端，它把机器运算结果与人的价值决策相互匹配，形成概率化与规则化有机协调的优化判断。人机融合智能也是一种广义上的“群体”智能形式，这里的人不仅包括个人，还包括众人，机不但包括机器装备，还涉及机制机理。除此之外，还关联自然和社会环境、真实和虚拟环境等。着重解决上述人机融合过程中产生的智能问题，如诸多形式的数据／信息表征、各种逻辑／非逻辑推理和混合性的自主优化决策等方面。

在人类的历史长河中，古埃及的象形文字、古巴比伦的楔形文字、古印度河流域的印章文字和中国的甲骨文共同形成了世界四大古文字体系。但唯有中国的甲骨文穿越时空，至今仍在使用且充满活力。根本原因在于西汉时期出现了隶书这一表意性文字，自此，中文文字完成了由表形（图画）到表意的惊险一跳。把两个或者两个以上的不同构件放到一起，从而组成一个字，产生一个意思，这叫会意。简单地说，态势感知就是象形＋会意，而态势感知又是智能科学的基础，所以不难看出，智能科学的核心和关键依旧是何时能够完成"得意忘形"这一惊险的一跳。目前科技进展的种种迹象也表明，人的意向性＋机的形式化是完成智能最高形式——"得意忘形"可能性最大的方式。

人机融合智能是人工智能发展的必经之路，其中既包括理论方法，也包括人、机、环境之间关系的探索。近年来，人工智能的热度不断加大，越来越多的人工智能产品走进人们的生活之中，越来越多的人将目光投放到人工智能领域。但是客观地看，当前的人工智能与我们的设想还有一定距离，如何将人的智能迁移到机器中，这是一个很难回避的问题。这些都需要目前的智能科学家做进一步的研究。人机融合智能研究不仅仅要考虑机器技术的高速发展，更要考虑交互主体 —— 人类的思维与认知方式，让机器与人类各司其职，互相促进，这才是人机融合智能研究的前景与趋势。

第十三章
人工智能：伦理之问

　　人工智能的迅速发展给人类的生活带来了一些困扰与不安，尤其是在奇点理论被提出后，很多人质疑机器的迅速发展会给人类带来极大的危险，随之而来的很多机器事故与机器武器的产生更加印证了人们的这种猜疑。于是，关于机器伦理、机器道德的研究层出不穷。究竟什么是人工智能伦理？人工智能会不会取代人类？谁为人工智能负责？人工智能伦理观应该如何建立？接下来我们就来聊聊人工智能的伦理问题。

一、人工智能是否有伦理

1. 伦理的概念

"伦理"一词，英文为 ethics，源自希腊文的 "ethos"，其意义与拉丁文 "mores" 差不多，表示风俗、习惯的意思。西方的伦理学发展流派纷呈，比较经典的有叔本华的唯意志主义伦理流派、詹姆斯的实用主义伦理学流派、斯宾塞的进化论伦理学流派、海德格尔的存在主义伦理学流派。其中，存在主义是西方影响最广泛的伦理学流派，它始终把自由作为其伦理学的核心，认为"自由是价值的唯一源泉"。

在我国，伦理的概念要追溯到公元前 6 世纪，《周易》《尚书》中已出现单用的伦、理。"伦"指人们的关系，"三纲五常""伦理纲常"中的伦即人伦；"理"指条理和道理，指人们应遵循的行为准则。与西方相似，不同学派的伦理观差别很大，儒家强调孝悌忠信与道德修养；墨家信奉"兼相爱，交相利"；而法家则重视法治高于教化，人性本恶，要靠法来相制约。

总的来说，伦理是哲学的分支，是研究社会道德现象及其规律的科学。伦理研究是很必要的，因为伦理不但可以建立起一种人与人之间的关系，而且可以通过一种潜在的价值观对人的行为产生制约与影响。很难想象，没有伦理的概念，我们的社会会有什么人伦与秩序可言。

2. 人工智能伦理

其实在"人工智能伦理"一词诞生以前，很多学者就对机器与人的关系进行过研究，并发表了自己的意见。早在 1950 年，维纳在《人有人的用途：控制论与社会》一书中就曾经担心自动化技术将会造成"人脑的贬值"。20 世纪 70 年代，德雷福斯曾经连续发表文章《炼金术与人工智能》《计算机不能做什么：人工智能的极限》，从生物学、心理学的层面得出了人工智能必将失败的结论。而有关机器伦理（与人工智能伦理相似）的概念则源自《走向机器伦理》一文，该文中明确提出：机器伦理关注机器对人类使用者和其他机器带来的行为结果。该文的作者之一安德森表示，随着机器越来越智能化，其也应当承担一些社会责任，并具有伦理观念，这样可以帮助人类以及自身更好地进行智能决策。无独有偶，2008年英国计算机专家诺埃尔·夏基（Noel Sharkey）教授就曾经呼吁人类应该尽快制定机器（人）相关方面的道德伦理准则。目前，国外对于人工智能伦理的研究相对较多，如2005年欧洲机器人研究网络（EURON）的《机器人伦理学路线图》、韩国工商能源部颁布的《机器人伦理宪章》、美国国家航空航天局对机器人伦理学所进行的资助等。国外相关的文献也相对丰富，主要集中在机器人法律、安全与社会伦理问题方面。

国内方面相关研究因为起步较晚，并不如国外系统与全面。但是近些年来，相关学者也将重点放在人工智能的伦理方面。相关文献有：《机器人技术的伦理边界》《人权：机器人能够获得吗？——从《机械公敌》想到的问题》《我们要给机器人以"人权"吗？》《给机器人做规矩了，要赶紧了？》《人工智能与法律问题初探》等。值得一提的是，从以上文献可以看出，我国学者已经从单纯的技术伦理问题转向人机交互关系中的伦理研究，这无疑是很大的进步。

不过，遗憾的是，无论是国内还是国外，现在仍然很少有成形的法律法规对人工智能技术与产品进行约束。随着人们将注意力转向这个方向，相信在不远的将来，有关政府部门会出台一套通用的人工智能伦理规范条例，以为整个行业作出表率。

二、人类是否会被取代

有关人工智能与人的关系，很多人进行过质疑与讨论。1967年，《机器的神话》一书的作者就对机器工作提出了强烈的反对意见，他认为机器的诞生使得人类丧失个性，从而使社会变得机械化。而近些年来，奇点理论的提出与宣传，使得人们更加担忧机器是否会在未来全面替代人类。奇点理论的核心思想即认为机器的智能很快就将超过人类。

　　笔者认为，人工智能不断进步，这是个不争的事实。机器的感觉、运动、计算等能力都将会远远超过人类，这是机器的强项，但是它不会从根本上冲击人类的岗位与职业。这源于以下几方面。

　　首先，机器有自己的优势，人类也有自己的优势，且这个优势是机器在短期无法比拟与模仿的。人类拥有思维能力，能够从小数据中迅速提炼归纳出规律，并且可以在资源有限的情况下进行非理性决策。人类拥有直觉能够将无关的事物相关化。人类还具有与机器不尽相同的内部处理方式，一些在人类看来轻而易举的事情，对机器而言可能就要耗费巨大的资源。2012 年，谷歌训练机器从 1000 万张图片中自发地识别出猫的图片。2016 年，谷歌大脑团队训练机器根据物体的不同材质自动调整抓握的力量。这对于一个小孩子来说是很简单的任务，但在人工智能领域，却正好相反。也许正如莫拉维克悖论所阐述的，高级推理所需要的计算量不大，反倒是低级的感觉运动技能需要庞大的计算资源。

　　其次，目前人类和机器还没有达到同步对称的交互，仍然存在着交互的时间差。截至目前，仍然是人类占据主动，而且对于机器有不可逆的优势。皮埃罗·斯加鲁菲在《智能的本质：人工智能与机器人领域的 64 个大问题》一书中曾经提出，人们在杂乱无章中的大自然中建立规则和秩序，因为人类更容易在这样的环境中生存和繁衍不息。而环境的结构化程度越高，制造在其中的机器就越容易；相反，环境的结构化程度越低，被机器取代人类的可能性就越小。由此可见，机器的产生与发展是建立在人们对其环境的了解与改造上的。反过来，机器的发展进一步促进了人们的改造与认知活动。这就如天平的两端，单纯地去掉任何一方都会导致天平的失衡。如果没有人类的指引与改造作用，机器只能停留在低端的机械重复工作层次。而机器在一个较低端层次工作的同时，也会使得人们不断追求更高层次的结构化，从而使得机器向更高层次迈进。这就像一个迭代上升的过程，人—机器—人—机器，依次循环，人类在这段过程中总是处于领先地位。所以，机器只可能取代人类的工作，而不是取代人类。

　　最后，人工智能高速发展的同时也带来了机遇。诚然，技术的发展会带来一些负面影响，但是如果从全局来看，是利大于弊的。新技术的发展带来的机遇就是全方位的。乘法效应说的就是这个道理：在高科技领域每增加一份工作，相应地在其他行业至少增加 4 份工作。我们应该看到，如今伴随着人工智能业的飞速发展，相关企业如雨后春笋般诞生，整体拉动了相关产业（服务业、金融业）的发展，带来了更多的就业机会。

　　总之，任何一项技术的发展都不是一蹴而的，而是循序渐进的过程。无论是最早期的类人猿的工具制造，还是后来的电力发展，再到现在的互联网时代，技术的发展与运用都是需要时间来保证的。现在社会上有些人担心人工智能的发展会立即冲击自己的工作，实则有些"杞人忧天"。历史上大的技术突破并没有对人类的工作产生毁灭性的打击。蒸汽机的诞生替代了传统的骡马，印刷机的诞生取代了传统的抄写员，农业自动化设施的产生替代了很多农民的工作，但这都没有致使大量的工人流离失所，相反，人们找到了原本属于人类的工作。新兴技术创造的工作机会要高于所替代的工作机会。所以，我们不必过分担心机器会取代人类工作的问题。

三、谁来为事故负责

　　2016 年 7 月，特斯拉无人驾驶汽车发生重大事故，造成一名司机当场死亡，很快成为新闻媒体的焦点。人们不仅仅关注这件事情本身所带来的影响，更加担心机器作为行为执行主体在事故发生后的责任承担机制。究竟是应该惩罚那些做出实际行为的机器（并不知道自己在做什么），还是那些设计或下达命令的人，或者两者兼而有之？如果机器应当受罚，那究竟应该如何处置？是应当像《西部世界》中那样将所有记忆全部清空，还是直接销毁呢？目前还没有相关法律对其进行规范与制约。

　　随着智能产品的逐渐普及，我们对它们的依赖性也越来越强。在人、机、环境交互中，我们对其的容忍度也逐渐增加。于是，当系统出现一些小错误时，我们往往将其归因于外界因素，而无视这些微小错误的积累，我们总是希望其能自动修复，并恢复到正常的工作状态。遗憾的是，机器黑箱状态并没有呈现出其自身的工作状态，从而造成了人机交互中人的认知空白期。当机器不能自行修复时，往往会将主动权转交给人类，人类就被迫参与到循环中，而这时人们并不知道发生了什么，也不知道该怎样处理。据相关调查与研究，人们在时间与任务的双重压力下，往往会产生认知负荷过大的情况，从而导致本可以避免的错误。如果恰巧这时关键部分出了差错，就会产生很大的危险。事后，人们往往会责怪有关人员的不作为，而忽视机器一方的责任，这样做是有失偏颇的。也许正如佩罗所说：60%～80% 的错误可以归因于操作员的失误。但当我们回顾一次次错误之时，会发现操作员面临的往往是系统故障中未知甚至诡异的行为方式。我们过去的经验帮不上忙，往往只是事后诸葛亮。

其实，笔者认为，人工智能存在三种交互模式，即人在环内、人在环外以及以上两者相结合。人在环内即控制，这个时候，人的主动权较大，从而人们对整个系统产生了操纵感；人在环外即自动，这个时候，人的主动权就完全归于机器；第三种交互模式就是人可以主动/被动进入系统中。目前大多数所谓的无人产品都会有主动模式/自动模式切换。其中被动模式并不可取，这就像之前讨论的那样，无论是时间还是空间上，被动模式对于系统都是不稳定的，很容易造成不必要的事故。

还有一种特殊情况，那就是事故是由设计者/操纵者蓄意操纵的，最典型的就是军事无人机，军方为了减少己方伤亡，试图以无人机代替有人机进行军事活动。无人机的产生将操作员与责任之间的距离越拉越远，而且随着无人机任务的复杂程序加深，幕后操纵者也越来越多，每个人只是完成"事故"的一小部分。所以，人们的责任被逐渐淡化，人们对这种"杀戮"变得心安理得。而且很多人也相信，无人机足够智能，与军人相比，能够尽可能减少对无辜平民的伤害。可具有讽刺意义的是，仅在 2014 年针对巴基斯坦及也门的攻击中，美国的无人机便造成了 1147 人死亡，这场行动是针对 41 名与恐怖组织有关的人员，也就是说，这些行动中死亡的大多数人只是平民。2012年，"人权观察"组织在一份报告中强调，完全自主性武器会增加对平民的伤害，不符合人道主义精神。不过，目前对于军事智能武器伦理的研究仍然停留在理论层面，要想在实际军事战争中实践，还需要付出更多的努力。

综上可以看出，在一些复杂的人-机-环境系统中，事故的责任是很难界定的。每个人（机器）都是系统的一部分，完成了系统的一部分功能，但是整体产生了不可挽回的错误。至于人工智能中的人与机器究竟应该以何种方式共处，笔者将在下面给出自己的一些观点。

四、人工智能伦理，任重道远

通过以上的讨论与分析，笔者认为，人工智能还远没有伦理的概念（至少是现在），有的只是相应的人对于伦理的概念，是人类将伦理的概念强加在机器身上。在潜意识中，人类总是将机器视为合作的人类，所以赋予机器很多原本不属于它的词汇，如机器智能、机器伦理、机器情感等。在笔者看来，这些词汇本身无可厚非，因为这反映出人们对机器很高的期望，期望其能够像人一样理解他人的想法，并能够与人类进行自然地交互。但是，当务之急是弄清楚人的伦理中可以进行结构化处理的部分，因为只有这样，下一步才可以让机器学习，并形成自己的伦理体系。正如前文所述，"伦理"由"伦"和"理"组成，每一部分都有自己的含义，而"伦"，即人伦，更是人类在长期进化发展中所逐渐形成的，具有很大的文化依赖性。更重要的是，伦理是具有情景性的，在一个情景下的伦理是可以接受的，而换到另一种情景，就变得难以理解，所以，如何解决伦理的跨情景问题，也是需要考虑的。

值得一提的是，就人、机、环境交互而言，机不仅仅是机器，更不是单纯的计算机，还包括机制与机理。而环境不仅仅单指自然环境、社会环境，更涉及人的心理环境。单纯地关注某一个方面，难免会以偏概全。人工智能技术的发展，不仅仅是技术的发展与进步，更加关键的是机制与机理的与时俱进。因为两者的发展是相辅相成的，技术发展过快，而机制并不完善，就会制约技术的发展。现在的人工智能伦理研究就有点这个意味，人类智能的机理尚不清楚，更不要提机器的智能机理了。而且，目前机器大多关注人的外在环境，即自然环境与社会环境，机器用从传感器得到的环境数据来综合分析人所处的外在环境，但是很难有相应的算法来分析人的内部心理环境，人的心理活动具有意向性、动机性，这也是目前机器所不具备的，也是不能理解的。所以，对于人工智能的发展而言，机器的发展不仅仅是技术的发展，更是机制上的不断完善。研究出试图理解人的内隐行为的机器，则是进一步的目标。只有达到这个目标，人、机、环境交互才能达到更高的层次。

人工智能伦理研究是人工智能技术发展到一定程度的产物，既包括人工智能的技术研究，也包括机器与人、机器与环境及人、机、环境之间关系的探索。与很多新兴学科一致，人工智能伦理的历史不长，但发展速度很快。尤其是近些年，随着深度学习的兴起，以及一些大事件（"阿尔法狗"战胜李世石）的产生，人们对人工智能本身，以及人工智能伦理研究的兴趣陡然上升，对其相关研究与著作也相对增多。但是，可以预期到的是，人工智能技术本身离我们设想的智能程度还相去甚远，且自发地将人的伦理迁移到机器中的想法本身实现难度就极大。而且如果回顾过去的话，人工智能总是在起伏中前进，怎样保证无论是在高峰还是低谷的周期中，政府的资助力度与人们的热情都保持在同一水平线，这也是一个很难回避的问题。这些都需要目前的人工智能伦理专家做进一步的研究。

总之，人工智能伦理研究不仅仅要考虑机器技术的高速发展，更要考虑交互主体——人类的思维与认知方式，让机器与人类各司其职，互相促进，这才是人工智能伦理研究的前景与趋势。

五、人工智能造假，怎么办

任何技术都是双刃剑，人工智能技术也不例外，人工智能技术在军事领域可以帮助隐真示假，造势用势，在民用领域可以增强产品 / 系统的可用性，然而，近年来报道的大量人工智能合成信息占据了人们的真实生活及虚拟生活——互联网空间，如"骚扰电话"，"好评灌水"，数据污染，合成声音，人工智能生成真人视频、图像、不存在的事物等。鉴于此，不少专家认为，人工智能的快速发展使得真实／虚拟生活空间从人与人的真实交流转化为智能化、自动化的平台间交互、对抗。那么，该如何认识人工智能造假这个现象，进而改变这个现象呢？这是当前需要深入思考的一个重要问题。

机器本质上只是人造物，是不会造假的，它们更类似于函数，即将输入变为输出，只计多少，不问是非，更为关键的是数据／信息的变异是有人参与的演化、演变、演绎而不仅是演算。所以，人工智能造假本质上是人的造假，是人通过编制好的程序和设备进行预设的有针对性的造假，就像许多魔术一样，只不过是用一些旧的公式定理结合新的情境态势而拟合出的新算法而已，如一个训练良好的生成对抗网络技术配上丰富的数据资源，模拟出逼真的照片、视频及文本材料已经不是难事。其目的是使人产生感觉上的错乱、知觉上的欺骗，进而实现淹没真实、虚假得逞。

然而，世界是由事实（关系）构成的，而不是由事物（属性）构成的，从根本上而言，就算找到了构成事物的最基本单元，机器也无法真正明白各单元之间的相互作用，而这些相互作用关系才是世界上最大的秘密，如现代物理学发现人的身体与水、石头等的基本物理微粒构造一样，但仍然无法解释人类为什么可以产生意识、情感。如果我们抓住了"事物之间的联系是世界之源"这个本质，那么大多数人工智能造假情况都就都可以被识破被痛击。

人工智能造假技术可以通过深度态势感知或上下文感知技术进行相应的过滤、筛选排除，如一个正常人不会轻易做不正常的事，一个正常的机构也不会突然变得无法无天。但是非常时期、非常情境却有可能出现意外，所以一般性地识别并不难，难的是在特殊情形下的细微区分和细甄。除了常规性的防伪技术手段之外，我们还需要开发新的深度态势感知技术和工具，尽可能地在造假的前期进行识别干预，从态、势、感、知等几个阶段展开深入分析和应对，如开发隐藏在视频中的水印、生成隐藏信息的对抗神经网络、具有深度态势感知的声音、视频、图像、电话、网络分析器、反像素攻击等技术，还可以研究相应的管理应急机制方法和手段，加强相关的法律道德管理，及早制定相关的法律法规，做好相应的知识普及，让反人工智能造假技术相关应用能够真正落地到相关单位和千家万户之中，真正实现人、机、环境系统联动的反人工智能造假生态链。

假的真不了，真的假不了，魔高一尺，道高一丈，毕竟，再好的人工智能都是人造的，而人工智能造的假不可能是完备的，人类本身就是应对不完备性最好的猎人，坏人在真实世界里得不到的东西在虚拟世界里也不会得到，毕竟以坏人为中心的情境是违反大多数人最根本利益的。

参 考 文 献

贲可荣，张彦铎．2013．人工智能．北京：清华大学出版社．

毕彦华．2010．何谓伦理学．北京：中央编译出版社．

蔡自兴，谢斌．2015．机器人学．3版．北京：机械工业出版社，

杜严勇．2015．关于机器人应用的伦理问题．科学与社会，5（2）：25-34．

高峰，郭为忠．2016．中国机器人的发展战略思考．机械工程学报，52（7）：1-5．

哈里·亨德森．2011．人工智能——大脑的镜子．侯然，译．上海：上海科学技术文献出版社．

黄建民．2009．我们要给机器人以"人权"吗？．读书与评论，6：55-58．

机器人和机器人设备．个人护理机器人的安全性要求．ISO 13482-2014．

江晓原．2014．人权：机器人能够获得吗？——从《机械公敌》想到的问题．中华读书报，2004-12-01．

库兹韦尔．2011．奇点临近．李庆诚，董振华，田源，译．北京：机械工业出版社．

刘伟．2016．人工智能的未来——关于人工智能若干重要问题的思考．人民论坛·学术前沿，7：4-11．

刘伟．2018．智能与人机融合智能．指挥信息系统与技术，9：1-7．

刘伟，牟兴国，王飞．2017．关于人机融合智能中深度态势感知问题的思考．山东科技大学学报：社会科学版，19（6）：10-17．

刘易斯·芒福德．2009．机器的神话．宋俊岭，译．北京：中国建筑工业出版社．

马克思·泰格马克．2019．Life 3.0：Being Human in the Age of Artificial Intelligence．张江科技评论，12（1）：82．

孟庆春，齐勇，张淑军，等．2016．智能机器人及其发展．学术前沿，34（5）：831-838．

皮埃罗·斯加鲁菲．2017．智能的本质：人工智能与机器人领域的64个大问题．任莉，张建宇，译．北京：人民邮电出版社．

曲道奎．2015．中国机器人产业发展现状与展望．中国科学院院刊，3：342-346．

斯特凡·东希厄．2017．会做梦的机器．徐寒易，译．环球科学，4：48-49．

宋章军．2012．服务机器人的研究现状与发展趋势．集成技术，1（3）：1-9．

唐昊涞，舒心．2007．人工智能与法律问题初探．哈尔滨学院学报，1：42-47．

王绍源，崔文芊 . 2013. 国外机器人伦理学的兴起及其问题域分析 . 未来与发展，6：48-52.

王田苗，陈殿生，陶永，等 . 2015. 改变世界的智能机器——智能机器人发展思考 . 科技导报，33（21）：16-22.

王田苗，陶永，陈阳 . 2012. 服务机器人技术研究现状与发展趋势 . 中国科学：信息科学，42（9）：1049-1066.

维纳 . 2010. 人有人的用处：控制论与社会 . 陈步，译 . 北京：北京大学出版社 .

翁岳暄，Gurvinder Virk，杨书评 . 2014. 人类−机器人共存的安全性：新 ISO 13482 服务机器人安全标准 . 网络法律评论，17（1）.

熊光明，赵涛，龚建伟，等 . 2007. 服务机器人发展综述及若干问题探讨 . 机床与液压，35（3）.

约瑟夫·巴−科恩，大卫·汉森 . 2015. 机器人革命：即将到来的机器人时代 . 潘俊，译 . 北京：机械工业出版社 .

中村道治（Nakamura M）. 2015. 机器人的现在与未来 . 科技导报，33（23）：22-23.

中国电子学会 . 2015. 机器人简史 . 北京：电子工业出版社 .

Anderson M，Anderson S，Armen C. 2005. Towards machine ethics：Implementing two action-based ethical theories//Anderson M，Anderson S，Armen C（Eds.）.Machine Ethics：AAAI Fall Symposium，Technical Report FS-05-06. Menlo Park，CA：AAAI Press，1-7.

Collobert R，Weston J，Bottou L，et al. 2011. Natural language processing（almost）from scratch. Journal of Machine Learning Research，12：2493-2537.

Endsley M R. 1995. Toward a theory of situation awareness in dynamic systems. Human Factors，37（1）：32-64.

Helmstaedter M，Briggman K L，Turaga S C，et al. 2013. Connectomic reconstruction of the inner plexiform layer in the mouse retina. Nature，500（7461）：168.

Hinton G，Deng L，Yu D，et al. 2012. Deep neural networks for acoustic modeling in speech recognition：The shared views of four research groups. IEEE Signal Processing Magazine，29（6）：82-97.

Jackson A，Zimmermann J B. 2012. Neural interfaces for the brain and spinal cord-restoring motor function. Nature Reviews Neurology，8（12）：690.

Kotsiantis S B，Zaharakis I，Pintelas P. 2007. Supervised machine learning：A review of classification techniques. Emerging Artificial Intelligence Applications in Computer Engineering，160：3-24.

Krizhevsky A，Sutskever I，Hinton G E. 2012. ImageNet classification with deep convolutional neural networks. Advances in Neural Information Processing Systems：1097-1105.

LeCun Y，Bengio Y，Hinton G. 2015. Deep learning. Nature，521（7553）：436.

Lotte F，Congedo M，Lécuyer A，et al. 2007. A review of classification algorithms for EEG-based brain-computer interfaces. Journal of Neural Engineering，4（2）：R1.

Mori M. 1970. Bukimi no tani（The uncanny valley）. Energy，7（4）：33-35.

Pearl J，Mackenzie D. 2018. The book of why：The new science of cause and effect. Basic Books，361（6405）：855-855

Reason J. 1990. Human Error. New York：Cambridge University Press.

Searle J R，Willis S. 1983. Intentionality：An Essay in the Philosophy of Mind. New York：Cambridge University Press.

Silver D，Huang A，Maddison C J，et al. 2016. Mastering the game of Go with deep neural networks and tree search. Nature，529（7587）：484.

Stone P，Brooks R，Brynjolfsson E，et al. 2016. Artificial intelligence and life in 2030. One Hundred Year Study on Artificial Intelligence：Report of the 2015—2016 Study Panel.

Sutskever I，Vinyals O，Le Q V. 2014. Sequence to sequence learning with neural networks. Advances in Neural Information Processing Systems：3104-3112.

Tononi G，Boly M，Massimini M，et al. 2016. Integrated information theory：from consciousness to its physical substrate. Nature Reviews Neuroscience，17（7）：450.

Wang Y，Lu M，Wu Z，et al. 2015. Visual cue-guided rat cyborg for automatic navigation research frontier. IEEE Computational Intelligence Magazine，10（2）：42-52.

Wu Z，Zheng N，Zhang S，et al. 2016. Maze learning by a hybrid brain-computer system. Scientific Reports，6：31746.

Wu Z，Zhou Y，Shi Z，et al. 2016. Cyborg intelligence：Recent progress and future directions. IEEE Intelligent Systems，31（6）：44-50.

Xiong H Y，Alipanahi B，Lee L J，et al. 2015. The human splicing code reveals new insights into the genetic determinants of disease. Science，347（6218）：1254806.

后　记

　　一直认为人工智能只是人类智能可描述化、可程序化的一部分，而人类的智能是人、机（物）、环境系统相互作用的产物。智能生成的机理，简而言之，就是人、物（机属人造物）、环境系统相互作用的叠加结果，由人、机器、各种环境的变化状态所叠加衍生出的形势、局势和趋势（简称势）共同构成。三者变化的状态有好有坏、有高有低、有顺有逆，体现智能的生成则是由人、机、环境系统态、势的和谐共振大小程度所决定的，三者之间具有建设性和破坏性干涉效应，或增强或消除，三位一体则智能强，三位多体则智能弱。如何调谐共频则是人机融合智能的关键。

　　"智能"这个概念就暗含对整体、对无限的关系。针对智能时代的到来，有人提出，"需要从完全不同的角度来考虑和认识自古以来就存在的行为时空原则"，如传统的人、物、环境关系等。当人们进行一段智能活动时，一般都会根据外部环境的变化进行关键点或关键处修正或调整，通过局部与全局的短、中、长期优化预期，实时分配权重于各种数据信息知识处理，更多的是程序化＋非程序化混合流程。而机器智能则很难实现这种随机的混合应变能力，确定性的程序化印记比较突出，像"阿尔法狗"（AlphaGo）、元、star这样比较优秀的智能系统，主要赢在边界明确的计算速度和精度上，对于相对开放环境下的博弈或对抗则没有在封闭环境下表现得那么好，甚至会很不好。真正的智能不仅仅是适应性，更重要的是不适应性，进而创造出一种新的可能性。智能很可能不是简单的顺应、适应，更重要的是不顺应、不适应，进而创造出一系列新的可能性：自由、同化、丰富、改变、独立。图灵机的缺点是只有刺激-反应而没有选择，只有顺应而没有同化机制。

信息化本质是计算事实，智能化则是认知价值。从数据到信息到知识（结构）是认知计算，从知识到信息到数据（解构）是计算认知。若把智能看成语言，那么人工智能像是语法，人类智能更像是语义、语用。语法基于规则、统计和概率，而语义语用则是基于一种人们之间使用有意义元素组成的约定，潜意识里的约定俗成比语法更为跨界、灵活，而且人们目前对它的规律还未形成有效的规则认知，于是它便成了复杂性事物。符号化是规范性语法的表征，情境化是自然性语义的依据。个境与群境有还原成分，也有新异元素，理解智能的难点之一就是内外一多共存的交织干扰和影响。把任何时间、地点、信息送给任何人转变为在恰当的时间、地点、方式信息送到恰当的人手里就是智能的表现形式之一。在全局，人是机的升维，机是人的降维；在局部，则反之。因为全局涉及的是异构事物、非家族相似性；而局部则相反。对人类的智能系统而言，围棋的作用还仅仅是局部的局部。

人工智能的最底层技术是二极管的 0、1 二元逻辑，人类智能的最底层技术是人的多元意向（非逻辑）。人类智能则是艺术，人工智能主要是技术。人工智能就是一个工具，很多人却把它当成了万能的钥匙，更有人把它想象成是无所不能，而忽略了人的智慧的作用。人类智能是一种涉及感性（尤其是勇敢）更多的智能，在紧急态势迅速变化时，一个人由情感而非思维支配，因而理智需要唤起勇气素质，继而在行动中支撑和维持必要的理智。在人类智能中，我们往往可以看到有序／无序之间的创造性张力，如在很多情境下，你所看到的同一事物（如苹果或 1 小时）往往不同，主动看、被动看、半主动看都不一样。人工智能常常容易形成的偏见，从规则的知识图谱中提取出先验和常识，并将之作为约束条件引入生成模型，可能会让智能程序的运行大打折扣，所以，如何把人的模糊感知、识别与机器的精确感知、识别结合将是一个非常值得思考的问题。

"休谟问题"说的是从事实推不出价值来。可是，这个世界却是一个事实与价值混合的世界，不知从价值能推出事实吗？汉字就是智能的集中体现，有形有意，如"日""月""人"，一目了然；西方的文字常常无形无意，逻辑类推。智能的本质就是把意向性与形式化统一起来，所以汉字从象形到会意的过程就是人类自然智能的发展简史……汉字的偏旁部首就是一种类的封装，把强相关的字聚在一起。如果说人类造字是语言表征的封装积累，那么，人类造智则是思想意识的拓扑延展。

智能不是百科全书，而是包含不少的虚构和想象，不仅是分类，还要合类；不仅要合并同类项，而且要合并异类项，因而，智能产品系统的顶层设计非常重要。

人工智能一般是逻辑（家族相似性）关系，人类智慧常常是非逻辑（非家族相似性）的。未来的智能是在特定环境下人的智能与机器智能的融合，即人机融合智能。人机融合智能不是人工智能，更不是机器学习算法。同样，人工智能、机器学习算法也不是人机融合智能，人机融合智能是人机环境的相互融合，是《易经》中的知几（看到苗头）、趣时（抓住时机）、变通（随机应）。人机融合智能是随动，不是既定，其中的"知己知彼"中的"知"不是简单的态势"感知"，更是态势"认知"。认知是从势到态的过程，感知是从态到势的过程。认知侧重认，信息输入处理输出流动过程；感知侧重感，数据信息的输入过滤过程，认知涉及先验和经验等过去的感知，所以态势认知包括了以前的态势感知。人工智能是一把双刃剑，计算越精细准确，危险越大，因为坏人可以隐真示假，进行欺骗，所以人机有机融合的智能更重要。客观而言，当前的人工智能基本上就是自动化＋统计概率，简单地说，归纳演绎的缺点就是用不完备性解释完备性。

毕加索曾透露："绘画不是一个美学过程，而是……一种魔法，一种获取权力的方式，它凌驾于我们的恐惧与欲望之上。"看懂了毕加索的作品，就能理解毕加索想要表达的"魔法"，并且把它用到生活中的其他领域，尤其是智能领域和人机融合智能领域。

在就要写完本书时，恍惚间，我才依稀感到本书才刚刚开始。俄罗斯文学大师陀思妥耶夫斯基有句名言，"我只担心一件事，我怕我配不上自己所受的苦难"，此时此刻，我只担心一件事，我怕我配不上自己所受到的帮助和厚爱。如果说，文字具有生命力，那她一定也有灵魂，如果想看看遥远未来的样子，可以打开各种各样的经典或杂记，里面都有，只是很多尚未被关联……若这本小书能够让您在闲暇之余产生瞬间的这种感觉，也算是对笔者的一丝安慰了。生命实在是太短暂，人应该对某样东西倾注深情。不经意之中，笔者选择了剑桥，也选择种下了一颗种子……

　　感谢赵路、郭晴、王目宣、刘志强在本书编写之初给予的建议与支持，感谢张玉坤、倪桑、曹国熙在本书编写过程中给予的大力帮助，感谢陶雯轩、王赛涵、韩建雨、何树浩、伊同亮等同学在编写过程中提供的参考意见，同时也感谢国家社科基金重大项目"智能革命与人类深度科技化前景的哲学研究"（项目批准号：17ZDA028）的支持，以及各位专家和学者的激发、唤醒、探讨！

　　本书算是初步完成我对父亲的一个承诺，感谢所有亲朋好友一直以来对我的鞭策和支持。尤其要感谢侯俊琳老师和张莉老师的大力支持，感谢侯俊琳老师给本书起的书名。

　　剑桥渐渐过去，北京渐渐到来，但美好的事物永远不会过时的。

　　感谢您的阅读！

刘　伟

2019 年 7 月